JN093379

カーボン ニュートラル

図で考える **SDGs** 時代の脱炭素化

山﨑 耕造 著

技報堂出版

はじめに

　先の菅内閣は 2020 年 10 月末に、日本政府としては初めて「2050 年までに二酸化炭素のネット（正味）排出量をゼロにする（カーボンニュートラル）」との政策目標を表明しました。現在の岸田内閣でもこれは踏襲され、さまざまな脱炭素政策が進められています。国際的にも、IPCC（気候変動に関する政府間パネル）の第 6 次評価報告書や COP（国連気候変動枠組条約締約国会議）で、脱炭素の流れが加速化されてきています。

　カーボンニュートラル（炭素中立）はゼロカーボン、カーボンフリー、脱炭素などと言われてきましたが、実際にカーボン（炭素）をゼロにするのではなく、二酸化炭素を主とする温室効果ガスの大気中の増加分を正味ゼロ（ネットゼロ）にする意味です。

　カーボンは私たちの体の基本となっていて、人類は炭素型生物と称されます。炭素は、科学技術で原子量の質量単位は炭素 12 を基準にしているほど重要な物質です。「カーボンニュートラル」とは、「カーボンフリー社会」や「脱炭素社会」を目指すキャッチフレーズなのです。

　本書では、カーボンニュートラルの技術や課題について、幅広く、かつ、やさしく解説します。全体構成は、以下のとおりです。

　　基礎編：概要（第 1 章）と環境問題（第 2 章）
　　技術編：技術概要（第 3 章）、ハード技術（第 4 〜 6 章）とソフト技術（第 7 章）
　　政策編：国内政策（第 8 章）と国際政策（第 9 章）
　　未来編：展望（第 10 章）

　基礎編としての第 1 章では、カーボンニュートラルとは何か、そして、それを実現するための国内および国外の政策を概観し、カーボンニュートラルの全貌をまとめます。第 2 章では、エネルギー消費による二酸化炭素排出と環境問題との関連、とりわけ、地球温暖化問題に言及し、対策としての緩和策・適応策ついてまとめます。

　技術編では、第 3 章でカーボンニュートラルのための技術の概要をまとめます。ハード技術の具体的説明として、第 4 章で化石・自然・核エネルギーのさまざまな創エネ技術、第 5 章で電動自動車を含めた省エネ技術、第 6 章で炭素資源のリサイクル技術を説明します。第 7 章ではソフト技術として炭素排出量算定方法を説明します。

政策編では、第 8 章でグリーン成長戦略などの国内政策や、第 9 章でパリ協定などの脱炭素国際協調についてまとめます。

　未来編として、第 10 章で核融合や宇宙太陽光発電の未来のエネルギーと、宇宙環境を含めた未来の環境についての展望を述べます。

　全世界で貧困社会をなくするためには、現状では最低限のエネルギーの消費の増加は避けられません。新しいエネルギー源の開発も必須ですが、質の良いエネルギー源でなければ、それによって環境が汚染される可能性があります。

　今後のエネルギーをどのように確保・推進していくかは極めて重要な課題です。化石・自然・核エネルギーに加えて、省エネルギーと未来エネルギーを育てる必要があります。そのための 5 つの挑戦

　　化石エネルギーの環境性への挑戦、

　　自然エネルギーの実用性への挑戦、

　　核エネルギーの安全性への挑戦、

　　省エネルギーの効率性への挑戦、

　　未来エネルギーの可能性への挑戦、

が必要となっています。

　持続可能な輝かしい未来を展望しようとする場合には、

　　技術楽観主義

　　開発調和主義

　　自然回帰主義

のどこに軸足を置いて考えるかで、推進方針が異なってきます。これまでは、産業革命以来の旧来の技術楽観主義から開発調和主義へとシフトしていると考えられます。さらに、地球環境を大切にするためには、自然回帰主義的発想が必要になってきますし、逆に、未来の宇宙文明を夢見る場合には、さらなる技術開発が必要になると考えられます。

　自然と開発との調和を求めての考えが、そして、世界のすべての人々が享受できる持続可能な開発目標が、国際連合の現在の SDGs（持続可能な開発目標）として設定されています。そのような SDGs 時代の脱炭素化をめざしてのカーボンニュートラルのためのさまざまな技術開発や環境・産業政策が、現在試みられています。本書が、これらの現在の課題を幅広く考え未来の展望を切り拓く契機となればと、願っています。

　2022 年 7 月吉日

　　　　　　　　　　　　　　　　　　　　　　　　　　　山﨑耕造

目　　次

第 1 章

カーボンニュートラルの あらまし （全体概要）

カーボンニュートラル（炭素中立）とは何か、なぜ必要か、を説明し、カーボン（炭素）元素の重要性やカーボンサイクルについて述べます。二酸化炭素（カーボンダイオキサイド）の大気中への排出について考え、日本でのカーボンニュートラルの政策や国際協力についても概観します。

第 ① 話 カーボンニュートラルとは?

　脱炭素化としてのカーボンニュートラル宣言がなされ、そのためのさまざまな政策が推進されてきています。そもそも、カーボンニュートラル（炭素中立）とは何でしょうか？

■総理大臣によるカーボンニュートラル宣言

　菅（前）内閣総理大臣は 2020 年秋の臨時国会での所信表明演説で、「2050 年までに、温室効果ガスの排出を全体としてゼロにする、すなわち 2050 年カーボンニュートラル、脱炭素社会の実現を目指す」ことを宣言しました。続く岸田内閣総理大臣も、2021 年 11 月の COP26 世界リーダーズ・サミットで 2050 年カーボンニュートラル、特に自動車のカーボンニュートラルの実現に向けての開発を展開すると表明しています（**上図**）。

　これまでも、2015 年のパリ協定採択時において、政府（当時の安倍内閣）の公式目標は 2013 年度比で 2030 年には総量の 26％減、そして、非公式目標でしたが 2050 年には 80％減が掲げられていました。これを 2030 年には 46％減、2050 年には実質的に 100％減としたことになります。国内では、今回の 2050 年のカーボンニュートラルに向けてのさまざまな取組みが試みられています。

■カーボンニュートラルのしくみ

　温室効果ガスとして最も重要なガスは二酸化炭素ですが、カーボンニュートラル（炭素中立）とは温室効果ガス（GHG、グリーンハウスガス）の排出の全体量を実質的にゼロにすることです。実際に排出量をゼロにするのではなくて、温室効果ガスの排出量から、森林などによる二酸化炭素ガスの吸収量を差し引いて、大気中への増加分を正味ゼロ（ネットゼロ）にすることを意味しています（**下図**）。

　温室効果ガスの典型としての二酸化炭素（カーボンダイオキサイド）の意味でカーボン（炭素）と略して、カーボンニュートラル（炭素中立）、あるいは、ゼロカーボン（零炭素）、ゼロエミッション（零排出）、カーボンフリー（炭素なし）、などと呼ばれており、デカーボニゼーション（脱炭素化）とも言われます。カーボンニュートラルは、脱炭素社会の構築のためのキーワードとなっています。

　二酸化炭素ではなくて、文字どおりカーボンそのものも問題とされてきています。地上近くの大気中のスス（ブラックカーボン）が雪面上に降り積もり、太陽の熱を吸収して温暖化の原因ともなっています。

2050年カーボンニュートラルの宣言

2020年10月26日
第203回臨時国会での菅（前）内閣総理大臣の所信表明演説

　　我が国は、2050年までに、温室効果ガスの排出を全体としてゼロにする、すなわち2050年カーボンニュートラル、脱炭素社会の実現を目指すことを、ここに宣言いたします（拍手）。

菅 義偉

2021年11月2日　英国、グラスゴー
COP26世界リーダーズ・サミットでの岸田内閣総理大臣のスピーチ

　　『2050年カーボンニュートラル』。日本は、これを、新たに策定した長期戦略の下、実現してまいります。

岸田文雄

カーボンニュートラル（炭素中立）のイメージ

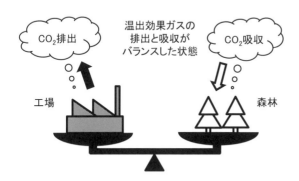

温出効果ガスの
排出と吸収が
バランスした状態

CO₂排出

CO₂吸収

工場

森林

技術改革などにより
工場からの排出を削減し、
植林などにより
吸収を増大させる
必要があります。

> **要点**　カーボンニュートラル（炭素中立）とは、二酸化炭素をはじめとする温室効果ガスの排出量から、森林などによる温室効果ガスの吸収量を差し引いて、大気中への増加分を正味ゼロ（ネットゼロ）にすることです。

カーボンは元素の王様?

カーボンは有機物を特徴づける元素であり、ダイヤモンドを形づくる元素でもあります。原子の質量単位は炭素で定義されており、まさに、炭素は元素の王様なのです。

■有機物と無機物の違い

有機物と無機物とを区別するのはカーボン（炭素）です。有機物は炭素を含み、炭素が6個結合している「亀の甲」と呼ばれるベンゼン環（炭素と水素で作られる六角形）が有名です。ただし、単純な二酸化炭素、一酸化炭素、炭素は無機物です。有機物は燃やすことで無機物としての二酸化炭素が発生します（**上図**）。カーボンは私たちの体の基本となっていて、人類は炭素型生物と称されますが、カーボンはその有機物の根幹なのです。

■ダイヤモンドとグラファイトの違い（同素体）

すべての物質は、その性質を示す最小の成分としての元素から成り立っています。同じ元素からつくられる単体でも、性質や構造の異なる物質が2種類以上存在する場合があります。これは「同素体」と呼ばれます。典型例として、炭素元素や酸素元素（酸素、オゾンなど）、鉄元素（フェライト、オーステナイトなど）があります。

特に、カーボンには多様な型式の同素体が存在します。**中図**に示した分子構造のように、ダイヤモンド、グラファイトのほかに、グラフェン、ナノチューブやフラーレンがあります。炭素原子には隣の原子と結合する手（共有結合）が4本あります。ダイヤモンドでは1つだけ2本の手を使って、炭素が3次元的に結合された強固な構造がつくられています。グラファイト（黒鉛、石墨）の場合は、炭素の平面的な六角構造が乱雑に重なり合った緩い分子構造です。

■炭素12は原子質量の基準（同位体）

炭素元素の原子核に含まれる陽子は6個であり、通常の炭素原子（99%ほど）では、内部の中性子数は6個で質量数は12です。これは炭素12と呼ばれます。中性子数が異なる炭素13、炭素14もあり、これらは「同位体」と呼ばれます（**下図**）。元素の質量の基準としての原子質量単位（AMU）は、炭素12の質量の12分の1として定義されています。大気中の二酸化炭素は、ほとんどが安定な炭素12でつくられていますが、微量ですがほかの炭素同位体でもつくられた二酸化炭素も混じっています。

炭素は有機物の根幹

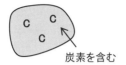
炭素を含む

燃えると
二酸化炭素が出る

さまざまな炭素元素の構成（同素体）

ダイヤモンド

グラファイト

グラフェン
（平面構造）

ナノチューブ
（円筒構造）

フラーレン
（5角形と6角形での球面構造）

質量数の異なる炭素原子（同位体）

炭素12の原子核
（Carbon-12 ^{12}C）

● 陽子　6個
○ 中性子　6個

炭素の原子番号
（＝陽子数）は6です。

炭素12の質量数
（＝陽子数と中性子数の和）
は12です。

同位体		天然存在比	中性子個数	特徴
炭素-12	^{12}C	98.9 %	6個	安定
炭素-13	^{13}C	1.1 %	7個	安定
炭素-14	^{14}C	1×10^{-8} %	8個	ベータ崩壊

原子の質量は、炭素12を基準として定義されています。

要点 有機物の特徴は、炭素を含んでおり、燃焼すると二酸化炭素が放出されることです。同素体とは、元素の単体で、原子の配列や結合が異なり、性質も異なる物質であり、同位体とは、原子番号が同じで、質量数（陽子数と中性子数の合計）が異なる原子です。

第3話 地球のカーボンサイクルは？

　急増する大気中の二酸化炭素の温室効果により温暖化が起きていると考えられています。地球にはどれだけの二酸化炭素があり、どのように循環しているのでしょうか？

■地球型惑星での温室効果

　地球の大気の最大の成分は窒素であり、全体の78％ほどです。次いで、酸素、アルゴンであり、4番目の二酸化炭素は、0.03％しかありません。しかし、この二酸化炭素が温室効果ガス（GHG、グリーンハウスガス）として、地球の温度を決定する重要な役割をしています。

　地球の温度は太陽からのエネルギーで保たれています。太陽エネルギーのおよそ3割は地表で反射され、7割が地表面に吸収されます。この反射率（アルベド）を考慮して、「ステファン・ボルツマンの黒体放射の法則」から地球の温度が算定できます。計算では、地球に水蒸気や二酸化炭素などの温室効果ガスがなければマイナス18℃の凍りつく世界となります。温室効果ガスのおかげで、宇宙空間に熱が逃げるのが抑えられて、33℃の上昇分を含めて、現在の平均温度15℃になっています。

　表面が岩石などの固体でできている地球型惑星のうち、金星と火星の大気の主な成分は二酸化炭素です（**上図**）。金星の大気は90気圧であり、500℃ほどの顕著な温室効果があります。一方、火星では大気圧は地球の100分の1以下なので、温室効果は10℃ほどの上昇しかありません。地球にとっては温室効果自体が悪いわけではなくて、人工的な二酸化炭素ガスの増加による人工的な温室効果の増加が問題なのです。

■カーボンの循環（カーボンサイクル）

　二酸化炭素の生物圏でのサイクル（循環）が重要です（**下図**）。大気中の二酸化炭素濃度は現在は400ppm（ppmは100万分の1）を超えており、総量としては8500億tの炭素が二酸化炭素として含まれています。そのおよそ2倍の炭素が地中に、そしておよそ50倍が海中に蓄積されており、自然に循環（サイクル）されています。人為的な二酸化炭素の排出量は年間およそ340億t（炭素としては85億t）です。一方、森林での二酸化炭素の吸収（グリーンカーボン）や海水での吸収（ブルーカーボン）があり、現在の大気中の二酸化炭素は年間で30億tずつ増加しています。これが、地球温暖化の要因の1つと考えられています。

地球型惑星の大気中の二酸化炭素と温室効果

	金星	地球	火星
大気圧	92気圧	1気圧	0.0075気圧
大気の成分	二酸化炭素（96.5%） 窒素　　（3.5%） 二酸化硫黄（0.015%）	窒素　　　（78.08%） 酸素　　　（20.95%） アルゴン　（0.93%） 二酸化炭素（0.03%）	二酸化炭素（95%） 窒素　　　（3%） アルゴン（1.6%）
計算値*)	−46℃	−18℃	−57℃
実測値**)	477℃	15℃	−47℃
温室効果分	523℃	33℃	10℃

*)　温室効果なしの地表温度
**)　観測される地表平均温度

二酸化炭素の自然循環のしくみ

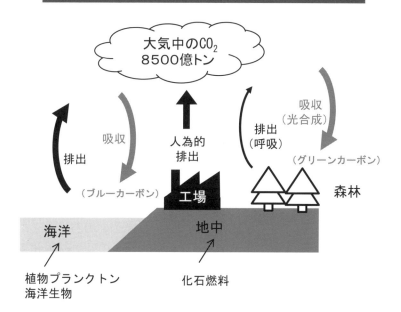

> **要点**　地球の温度は、太陽エネルギーと地球の反射率から放射の法則を用いて計算され、温室効果ガスがなければ、−18℃の低温です。二酸化炭素は、大気中に8500億tあり、その10倍が地中に、50倍が海中に含まれており、循環しています。

二酸化炭素排出量は?

人間起源の二酸化炭素の排出量は、どのくらいで、最大の排出国はどこでしょうか? メタンや一酸化窒素を含めてのエネルギー起源の温室効果ガス（GHG）の成分割合はどのようになっているのでしょうか?

■エネルギー起源の二酸化炭素が産業革命以降急増

世界の人為的なエネルギー起源の二酸化炭素排出量は 1800 年ごろの産業革命以来、急激に増加しており、近年、新型コロナの影響で減少したとはいえ、二酸化炭素換算で 320 億 t 近くまで達しています（**上図**）。それに対応した形で、大気中の二酸化炭素濃度が増加し、地球の気温の上昇が確認されています。石炭（固体）、石油（液体）、そして、天然ガス（気体）の利用からの二酸化炭素排出が増加しています。カーボン量としては 90 億 t（二酸化炭素としては 320 億 t）が排出され、空気中の二酸化炭素濃度は 420ppm（ppm は 100 万分の 1 であり、0.04％）に達しています。地域別では、1900 年代では、いわゆる先進諸国による二酸化炭素ガスの排出が主でしたが、20 世紀末ごろからは中国、インドやアジア、アフリカの発展途上国からの排出量が増えてきています。

■世界各国の二酸化炭素排出量

現在の最新データ（2020 年）の国別の二酸化炭素排出量を**下図**に示します。グラフでは、2020 年末の英国の欧州連合（EU）からの正式離脱を踏まえて、EU 諸国は別々に表示されています。時系列的には、2008 年までは米国の排出量が最大でしたが、それ以降中国が米国を凌駕しています。各国の二酸化炭素排出量は、総人口、国内総生産（GDP）や平均的なエネルギー効率に関連しますが、中国と米国とで世界の排出量の半分近く（45％）を占めています。日本は 5 番目であり、世界の排出量の 3％ほどです。発展途上の中国とパリ協定に 2021 年に正式復帰した米国のほかに、今後重要になってくるインドなど、多くの国の協調による二酸化炭素排出量の削減が重要となっています。

温室効果ガス（GHG）としては、さまざまな温室効果ガスの排出量に各々のガスの地球温暖化係数を掛けて、それらを合算した二酸化炭素換算の総量で評価されます。地球温暖化係数（GWP）とは、温室効果ガスの温室効果をもたらす程度を、二酸化炭素の温室効果を 1 として比で示した係数のことです。メタンは 25、一酸化窒素は 298 などです（第**⓮**話）。

世界の二酸化炭素排出の急増と大気中濃度の変化

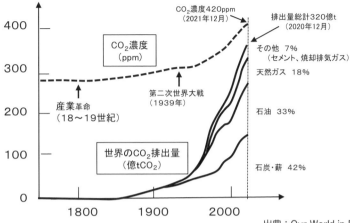

CO$_2$濃度420ppm
（2021年12月）

排出量総計320億t
（2020年12月）

CO$_2$濃度
（ppm）

その他 7%
（セメント、焼却排気ガス）

天然ガス 18%

産業革命
（18～19世紀）

第二次世界大戦
（1939年）

石油 33%

世界のCO$_2$排出量
（億tCO$_2$）

石炭・薪 42%

出典：Our World in Date など
https://ourwoldindate.org/emissions-by-fuel

二酸化炭素排出量の国・地域別割合

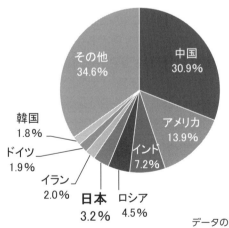

その他
34.6%

中国
30.9%

アメリカ
13.9%

インド
7.2%

韓国
1.8%

ドイツ
1.9%

イラン
2.0%

日本
3.2%

ロシア
4.5%

世界のGHG（温室効果ガス）
排出量（2020年）
合計　約320億t（CO$_2$換算）

中国と米国で全体の45%。
日本は5番目で世界の3%ほど。

データの出典：BP 世界エネルギー統計 2021
https://www.bp.com/ja_jp/japan/home/news.html

要点 大気中の二酸化炭素濃度は産業革命前の 280ppm から現在の 420ppm まで上がっています。世界の二酸化炭素排出量は、中国とアメリカでおよそ半分に達します。新興国であるインドの排出量も増加し続けています。

第5話 なぜニュートラルが必要か?

温室効果ガスによる気温上昇はどの程度でしょうか? また、気候変動を防止するために、なぜカーボンニュートラルが必要なのでしょか?

■温室効果ガスの排出シナリオと平均気温の上昇

温室効果ガス（GHG）の排出量の今後の推移は、社会経済の発展や気候政策のシナリオによって大きく変わります。これまでには、さまざまなシナリオに対して2100年までの地上の平均気温の上昇や海面の平均水位の上昇などの予測が示されてきました。検討されたシナリオとしては、IPCCの第5次評価報告書（AR5）では代表濃度経路シナリオ（RCP）が設定され、第6次評価報告書（AR6）では、共通社会経済経路シナリオ（SSP）が用いられています。小数点の数字は、2100年時点での放射強制力（W／m²）の値です。気候変動は放射エネルギーの収支（放射収支）の変化で引き起こされますが、その変化量が「放射強制力」です。

世界の平均気温は、すべての排出シナリオで、21世紀にわたって上昇すると予測されており、1986 − 2005年の平均の基準と比較して、21世紀末（2081 − 2100年）までの気温は、RCP2.6で平均1.0℃、RCP8.5で平均3.7℃上昇すると予想されています（**上図**）。

■平均海面水位の上昇

また、海洋でも、海水の温度上昇と酸性化が続き、世界の平均海面水位はいずれのシナリオでも上昇し続けると予測されています（**下図**）。海は膨大で多様です。海は地球の表面積の約7割を覆っており、全海洋の深さの平均は4km近くで、富士山を完全に沈めてしまうほどの深さです。海水の熱容量（物体全体の温度を1℃高めるのに要する熱量）は大気の熱容量のおよそ1000倍にもなります。また、地球温暖化によって地球表層に蓄積された熱の90％以上は、海に蓄えられると考えられています。20℃の海水が1℃上昇すると、体積が約0.025％膨張するので、海面から500mまで2℃上昇すると仮定すると、海面の水位は25cm上昇することになります。海面水位上昇の主な要因は海水の熱膨張ですが、近年は、氷河・氷床の融解の寄与も大きくなっています。特に、海洋性氷床不安定（MISI）や海洋性氷崖不安定（MICI）に伴う海面水位上昇の可能性が危惧されてきています（**コラム3**）。

気温と海面水位の将来予測

1986年から2005年までの平均値（基準値）からの変化。
複数の気候モデルによる予測期間は2006年から2100年。

世界平均地上気温の変化

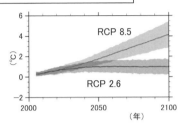

高位参照シナリオ（RCP8.5）では、
21世紀末に2.6〜4.8℃の上昇予想

低位安定化シナリオ（RCC2.6）では、
21世紀末に0.3〜1.7℃の上昇予測

RCP2.6では気温上昇が2℃を上回る可能性は低い（確信度が中程度）

世界平均海面水位の上昇

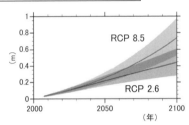

高位参照シナリオ（RCP8.5）では、
21世紀末に0.45〜0.82mの上昇予想

低位安定化シナリオ（RCC2.6）では、
21世紀末に0.26〜0.55mの上昇予測

RCP2.6でも、海面上昇は22世紀も長期的に続きます。

RCPは、AR5で用いられた代表濃度経路シナリオ
　　　　　　　　　　　　　　　（Representative Concentration Pathways）
RCP 2.6　低位安定化シナリオ　（世紀末の放射強制力2.6W/㎡）
**　　　　　2℃以下目標のシナリオ**
RCP 4.5　中位安定化シナリオ　（世紀末の放射強制力2.6W/㎡）
RCP 6.0　高位安定化シナリオ　（世紀末の放射強制力2.6W/㎡）
RCP 8.5　高位参照シナリオ　（世紀末の放射強制力2.6W/㎡）
**　　　　　最大排出量のシナリオ**

出典：IPCC-AR5（2013）SYR Fig. SPM.6

要点　IPCC第5次評価報告書の低位安定化シナリオによれば、温室効果ガスの排出量を削減し
て、2100年までに温度上昇を2℃以下に抑えられます。そのためには、排出量が正味ゼ
ロとなるカーボンニュートラルが不可欠です。

カーボンバジェットで考える?

気候変動を防止するために、温室効果ガス（GHG）をどの程度に抑えるべきでしょうか?　また、カーボンニュートラルが必要として、なぜ2050年なのでしょうか?

■ GHG の累積排出量と気温上昇

GHG の排出量の今後の推移は、社会・経済の発展や気候政策のシナリオによって大きく変わりますが、人為的に排出されてきた二酸化炭素の累積排出量と世界平均気温上昇とに比例関係があることが判明しています。

上図では産業革命時代からの人為的な二酸化炭素の累積排出量を横軸に、世界の平均気温が2050年までに何度上昇してしまうかの予測値を縦軸に示されています。第6次評価報告書（AR6）でのさまざまなSSP（共通社会経済経路）シナリオに対して、両者はほぼ比例することが示されています。第5次評価報告書（AR5）でもRCPシナリオでの予測に対して同様の結果が得られています。

■気温上昇とカーボンバジェット（炭素予算）

上図のように温度上昇の上限に対応するGHGの累積排出量（過去の排出量とこれからの排出量の和）はカーボンバジェット（炭素予算）と呼ばれます（**下図**）。気温上昇の予測に対して、上限としてのバジェット（予算）内の排出量だけが許されることになります。

産業革命からこれまでに既におよそ2兆tのGHGが排出されています。最終的に2℃の上昇となるのは総量がおよそ3兆tであり、排出できる残りの二酸化炭素量はおよそ1兆tとなります（**下図**）。ここ数年の排出量（年間400億t）がこのまま続くと、2040年ごろには総量3兆tに達してしまいます。仮に残り2兆tとして、総量4兆tが排出された場合には、産業革命以前の気温と比較して2.5℃の上昇となってしまいます。

徐々にガス排出量を減少させて、カーボンニュートラルの社会をいつ実現すればよいのか、その可能性はどうか、などの国際的な議論がなされてきました。2015年に締結されたパリ協定では、気温上昇を2℃未満の目標とし、できれば1.5℃とする努力目標も定められました。数十年後にゼロカーボンの社会を目指すとして、さまざまな予測シミュレーションから、国際的なコンセンサスとして、2050年がその目標となっています。

CO₂蓄積排出量と気温上昇の予測

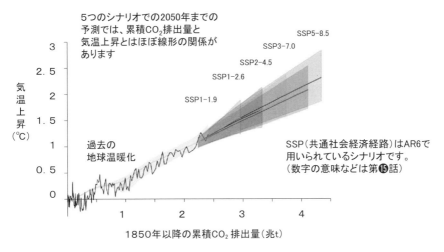

5つのシナリオでの2050年までの予測では、累積CO_2排出量と気温上昇とはほぼ線形の関係があります

SSP5-8.5
SSP3-7.0
SSP2-4.5
SSP1-2.6
SSP1-1.9

気温上昇（℃）

3
2.5
2
1.5
1
0.5
0

過去の地球温暖化

SSP（共通社会経済経路）はAR6で用いられているシナリオです。（数字の意味などは第⓯話）

1　2　3　4

1850年以降の累積CO_2排出量（兆t）

出典：IPCC　AR6 WG1 SPM（2021年）　図 SPM.10

カーボンバジェットのイメージ

CO_2総排出量

2℃上昇となる量（3兆t）

現在（2兆t）

産業革命前（0兆t）

排出量済み約2兆t

残り約1兆t

現在と同じ量のCO_2排出が続くと、2040年ごろに到達します

これは、現在発見されている化石燃料の3分の1使用に相当します

カーボンバジェット（炭素予算）とは、地球の温度を一定のレベルに抑えるための温室効果ガスの累積排出量の上限値

要点　二酸化炭素の排出累積量（カーボンバジェット）と温度上昇とはほぼ比例していることが予測されています。2℃上昇となるのはバジェットがおよそ3兆tであり、このままの排出が続くと、2040年ごろには2℃上昇になってしまいます。

第 **7** 話　日本で可能なのか?

　国内では、今回の 2050 年のゼロカーボン（カーボンニュートラル）に向けて、さまざまな政策の見直しがなされてきています。

■日本の二酸化炭素排出は温室効果ガスの 9 割

　温室効果ガス（GHG）のそれぞれの排出量は、二酸化炭素の寄与に換算した重量で評価されています。上図に示されるように、日本での人為的なエネルギー起源の二酸化炭素（CO_2）は 85％であり、非エネルギー起源を含めると、二酸化炭素は 9 割以上です。メタン（CH_4）や一酸化二窒素（N_2O）、代替フロンガスなどの合計が 1 割を占めています。ちなみに、世界全体では、二酸化炭素は 7 割であり、メタンが 2 割ほどです。GHG を減らすためには、第一に二酸化炭素排出量を削減することが必要になります。

■経済と環境の好循環を目指すグリーン成長戦略

　これまでは、2007 年（第 1 次安倍内閣）の美しい星 50（クールアース 50）の提案として、2050 年までに GHG を半減するとの目標でした。2015 年のパリ協定の採択時には、政府（第 3 次安倍内閣）の非公式目標として 2050 年は 2013 年比で 80％減が掲げられていました。2020 年（菅内閣）に 100％削減の「2050 年カーボンニュートラル」が宣言されました。

　日本の温室効果ガスのうち、36％の電力、49％の非電力のエネルギー起源の二酸化炭素、その他の 15％を含めた排出量をできるだけ削減し、排出せざるを得ない量は森林による吸収や技術的な回収・除去して、実質的にゼロにする計画です。

　このカーボンニュートラルの達成のためのさまざまな政策が推進されてきています（下図）。脱炭素化発電の促進のほかに、非電力部門でのエネルギー利用や製品開発での脱炭素化が重要です。従来から環境保全（グリーン戦略）とエネルギー開発（成長戦略）とは相反する二律背反（ジレンマ）の課題と考えられてきましたが、両者を結び付けてともに達成しようとする方策が提唱されてきました。これが「グリーン成長戦略」としての産業政策です。2050 年カーボンニュートラルの実現に向けて、民間企業のイノベーションに投資するなど、国が補助するしくみがつくられ、再生可能エネルギーの利用促進、ゼロカーボンシティ宣言など、さまざまな政策が試みられています。個人の生活様式の変革も推奨されてきています。

日本の温室効果ガスの排出量

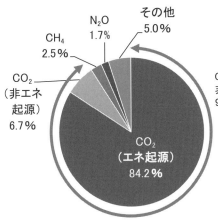

温室効果ガス排出量（2020年）
11億4900万tCO_2換算

CO_2は、エネルギー起源と
非エネルギー起源との和として
90%以上です。

CO_2換算：各温室効果ガスの排出
量に各ガスの「地球温暖化係数
（GWP＊＊ Global Warming Potential）」
を乗じ、それらを合算した値

カーボンニュートラルの国内政策

政府	「グリーン成長戦略」 　　50年の温暖化ガス排出ゼロに向けた実行計画 「エネルギー基本計画」 　　国の中長期のエネルギー政策の方針・目標の策定 　　2030年度までに再生可能エネルギーの比率を倍増する 　　およそ3年ごとに改定（2021年10月第6次改定） 「クリーンエネルギー戦略」 　　温暖化対策を経済成長につなげる戦略 　　岸田内閣の看板政策は新しいし資本主義（成長と分配）

自治体	「ゼロカーボンシティ」の表明 　　2050年カーボンニュートラル

企業	脱炭素経営のすすめ 　　「TCFD」「SBT」「RE100」などの国際的な枠組み 　　中小企業向けには「再エネ100宣言 RE Action」

個人	生活様式の見直し 　　「クールチョイス」「ゼロカーボンアクション30」

> **要点** 日本の温室効果ガスの9割が二酸化炭素であり、そのうちの9割以上がエネルギー起源です。日本では2050年のカーボンニュートラル達成を目指して、産業政策である「グリーン成長戦略」が進められており、自治体、企業、個人の行動も推奨されています。

国際的な協定は?

地球温暖化と気候変動の問題は、1つの国だけでは解決できません。国際的な協調が必要であり、国連を中心にいくつかの協定が締結されてきています。

■気候変動に関する政府間パネル（IPCC）

地球温暖化を含めた気候変動に関する政府間パネル（IPCC）は、国際連合環境計画（UNEP）と世界気象機関（WMO）により 1988 年に設立された国連の組織です（**上図**）。各国の政府から推薦された科学者が参加し、地球温暖化に関する科学的・技術的・社会経済的な評価を行い、得られた知見を政策決定者をはじめ広く一般に利用してもらうことを任務としています。

■気候変動枠組条約（UNFCCC）と締約国会議（COP）

国連の下での気候変動に関する条約としては、1992 年に、大気中の温室効果ガスの濃度を安定化させることを目標として「気候変動に関する国際連合枠組条約（UNFCCC）」が採択されました。この条約に基づいて、地球温暖化対策に世界全体で取り組んでいくことが合意されました。この気候変動枠組条約に基づき、気候変動枠組条約締約国会議（COP）が 1995 年から毎年開催されています。2020 年はコロナ禍で 1 年延長され、翌年に COP26 が英国のグラスゴーで開催されました。

■温暖化は人類の責任（IPCC 報告書の結論）

IPCC の報告書としては、第 1 次評価報告書（FAR、1990 年）、第 2 次（SAR、1995 年）、第 3 次（TAR、2001 年）、第 4 次（AR4、2007 年）、そして、第 5 次評価報告書（AR5、2013 年）があります。現在、第 6 次報告書（AR6、2022 年）がまとめられています。

人間活動が地球温暖化に影響しているかどうかの評価がこれまで何度も繰り返されてきました。2007 年での AR4 の結論は、「気象システムの温暖化は疑う余地がなく、人間活動が、温暖化の効果をもたらしたことの信頼性はかなり高い（90%以上）」でした。現在の評価報告書 AR6 ではさらに信頼度が上がり、「疑う余地がない」と結論づけられています（**下図**）。地球温暖化により氷河が融け海水温度の上昇による海水面の上昇や、地球規模の気候変動、生態系の変化など、さまざまな影響が心配されています。

気候変動に関する国際協定と締結国会議

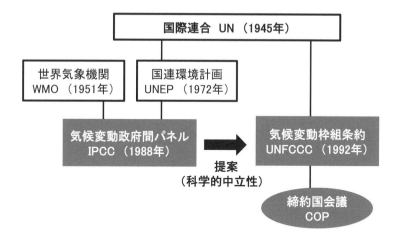

IPCC： Intergovernmental Panel on Climate Change
UNFCCC： United Nations Framework Convention on Climate Change
COP： Conference of the Parties

IPCCの温暖化の評価結果

評価報告書にみる
　　　人間活動が及ぼす温暖化への影響についての評価

FAR（1990年）「気温上昇を生じさせるだろう」
SAR（1995年）「影響が全地球の気候に表れている」
TAR（2001年）「可能性が高い」（66％以上）
AR4（2007年）「可能性が非常に高い」（90％以上）
AR5（2013年）「可能性が極めて高い」（95％以上）
AR6（2022年）「**疑う余地がない**」

AR：評価報告書（Assessment Report）

要点　気候変動国連枠組条約（UNFCCC）の下で締約国会議（COP）が毎年開催されており、
気候変動に関する政府間パネル（IPCC）により、地球温暖化に関する科学的・技術的・
社会経済的な評価がなされています。

コラム1　サステナブルとは？（エネルギー保存とエントロピー増大）

　国連ではSDGs（持続可能な開発目標）が定められていますが、そもそも「持続可能な」（サステナブル）とは、どのような定義でしょうか？

　サステナブルな具体的な社会とは「地球の環境を壊さず、資源も使いすぎず、未来の世代も美しい地球で平和に豊かに、ずっと生活し続けていける社会」のことです。これを科学的にとらえようとすると、物質とエネルギーとの等価則（核エネルギー利用の場合）、エネルギー保存則、エントロピー増大則の3つの法則に沿った説明が必要となります。物質とエネルギーは等価であり、このエネルギーの合計は保存されますが、エントロピー（乱雑さ）は増大してしまい、クリーンで整然とした世界を構築できないことになります。

　生物はエネルギーを使って生活しています。エネルギーは生命の源ですが、エネルギーには量と同時に質にもこだわる必要があります。冷たい水と温かい水を混ぜ合わせた場合にエネルギーが保存されるように平均の温度の水がつくられます（熱力学第一法則）が、その逆に、冷たい水と温かい水に分離するのは不可能です。それを「エントロピー（乱雑さの度合い）増大の法則」として表します。熱は必ず高温部から低温部に流れること、仕事が熱に変わる場合は非可逆的であることが、熱力学の第二法則として示されています。これは物質の中の膨大な量の分子の統計的な物理現象として理解されています。人間は自分や周りのエントロピーを上げることでエントロピーの低い高度な文明社会をつくり上げてきています。

　エネルギー的に閉じた系では、内部でエネルギーが使われる（転換される）と必ずエントロピーが増大します。地球では、人類の活動による地上のエントロピーが増大しますが、エントロピーの高い熱エネルギーとして宇宙空間に排出され、太陽からのエントロピーの低いエネルギーによりまかなわれてサステナブルな社会が成り立っています。ただし、そのバランスが変化して地球温暖化が誘起されているのです。

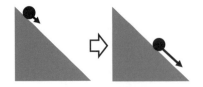

エネルギー保存

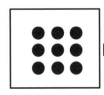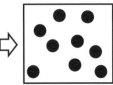

エントロピー増大

カーボンニュートラルの
エネルギーと環境
（地球温暖化問題）

カーボンと気候変動との関係としてのエネル
ギー問題と環境問題を説明します。特に、地
球が温暖化していることの科学的な証拠、原
因、将来予測、そして、地球温暖化を抑制す
るための緩和策、温暖化が避けられないとき
の適応策についてまとめます。

エネルギー・環境問題と SDGs とは？

私たちの周りには、エネルギー・環境問題だけではなく、貧困や飢餓、教育など、さまざまな課題が横たわっています。未来への道しるべとして SDGs が定められています。

■さまざまな課題

一般的に、エネルギー開発と環境保全とは相反する活動であり、両立させることの難しさが指摘されてきました。これまでに、地球環境問題として、地球温暖化、オゾン層破壊、酸性雨、熱帯雨林の減少、砂漠化、野生生物種の減少、海洋汚染などがあげられてきました。これらは急激な人間活動に起因しており、自然と人間とは対立するものではなく、自然と人間の共生が叫ばれてきています。

■持続可能な開発目標

人類の「持続可能な開発目標（SDGs）」として、2015 年 9 月の国連総会で 17 の世界的目標が採択されました。この中には、エネルギーと環境問題も大きく取り上げられています（**上図**）。

国際社会共通の目標として国連で定められた持続可能な開発目標（SDGs）にも、気候変動の問題は 5 つの P（人間、繁栄、地球、平和、パートナーシップ）の 1 つとしての地球（プラネット）関連目標として取り上げられていますし、SDGs でのウェディングケーキモデル（第❷話）では生物圏の目標（気候変動、海洋資源、陸上資源、水資源と衛生の 4 項目）として取り上げられています。地球温暖化とカーボンニュートラルだけではなくて、さまざまな課題が絡み合っています。

■ 3E ＋ S のバランスが重要

従来から、エネルギーと環境問題は、エネルギー安定供給、経済性、環境保全の 3 つの E が地球温暖の互いに矛盾するトリレンマ（三重苦）としての困難な課題であることが指摘されてきました。安全性確保を大前提としての「3E ＋ S」の同時達成が目標でした（**下図**）。これは、2050 年のカーボンニュートラルの達成目標においても、基本的に変化はありません。技術革新などによる安全性の確保を大前提として、従来のトリレンマを超えて、環境汚染を伴わない持続可能エネルギーによるエネルギー安定供給、脱炭素化のエネルギー活用による経済の活性化、そして、グリーン成長戦略などの経済推進による環境保全の達成が必要なのです。

SDGsの17の目標と5つの「P」

SDGsの
ロゴバッチ

「人間（People）」
　（①貧困、②飢餓、③健康、④教育、⑤男女平等、⑥水）

「繁栄（Prosperity）」
　（**❼エネルギー**、⑧働きがい、⑨産業、⑩国格差、⑪街づくり）

「地球（Planet）」
　（⑫生産、**⓭気候変動**、⑭海洋資源、⑮陸上資源）

「平和（Peace）」（⑯平和）

「パートナーシップ（Partnership）」（⑰パートナーシップ）

第2章　カーボンニュートラルのエネルギーと環境（地球温暖化問題）

新しい3E+Sの考え方

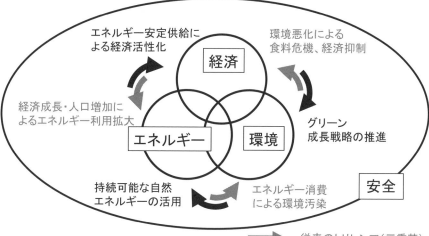

エネルギー安定供給に
よる経済活性化

環境悪化による
食料危機、経済抑制

経済成長・人口増加に
よるエネルギー利用拡大

経済

グリーン
成長戦略の推進

エネルギー　環境

持続可能な自然
エネルギーの活用

エネルギー消費
による環境汚染

安全

従来のトリレンマ（三重苦）
新しい考え

安定供給(Energy Security)　エネ自給率
経済性(Economic Efficiency)　電力コスト
環境保全(Environment)　GHG削減

＋

安全性(Safety)　技術革新

要点　国連のSDGs（持続可能な開発目標）では、エネルギーや環境問題だけではなく、貧困、飢餓、教育、働きがいなどの人間や社会の豊かさをも幅広く取り上げられています。エネルギー、経済、環境の3つのEと安全Sとの有機的な発展が期待されています。

第10話 地球温暖化とノーベル賞は?

　地球温暖化の研究は、科学的に不確実ながらコンピュータシミュレーションを用いて、着実に進展してきました。それが、ノーベル物理学賞へとつながっていきました。

■地球温暖化の指摘

　産業革命以来、人間が急激に排出している温室効果ガス（二酸化炭素やメタンなど）による地球温暖化が現在、問題となっています。特に、18世紀末の産業革命で石炭が大量に利用されるようになり、多量の二酸化炭素が放出されるようになりました。スヴァンテ・アレニウス（スウェーデン）は1896年に大気中の二酸化炭素濃度が2倍になれば気温が5℃または6℃上昇することを指摘しています。1940年から1970年ころまでは地球の温度は低下傾向にあり、氷河期が到来するとの警告もありましたが、1961年、チャールズ・キーリングによるハワイのマウナロア山頂での二酸化炭素濃度の測定結果が示され、「キーリング曲線」として知られました。

■ノーベル平和賞とノーベル物理学賞

　地球温暖化対策に対する啓蒙活動としては、元米国副大統領アル・ゴア氏は、地球温暖化（グロオーバル・ウォーミング）と気候変動（クライメット・チェンジ）の危機を訴え、2006年にドキュメンタリー映画『不都合な真実』を発表しました。これらの地球温暖化問題への啓蒙活動に対して、翌年の2007年には気候変動に関する政府間パネル（IPCC）とゴア氏に対してノーベル平和賞が贈られています（**上図**）。

　現在、二酸化炭素が地球温暖化の元凶と言われています。大気中の二酸化炭素濃度はかつては280ppmでしたが、産業革命期以降に徐々に増加し、現在は420ppmまでに急増しています。ここでppmは100万分の1の意味であり、乾燥空気の全分子数に対する分子数の割合で表されています。

　1964年には眞鍋・ストリッカーによる大気の1次元鉛直温度分布の解析により、二酸化炭素の倍増により気温が2.4℃上昇する事が示されています（**下図**）。これがベースとなり、現在は3次元の詳細な気候変動のコンピュータ解析がなされています。これらの気候現象のモデリングと予測に関する研究成果に対して、2021年にはプリンストン大学の日系アメリカ人である眞鍋淑郎（しゅくろう）博士を含めた3人に、ノーベル物理学賞が授与されています（**上図**）。

地球温暖化に関連するノーベル賞

ノーベル平和賞

2007年
気候変動に関する政府間パネルと
アル・ゴア元米副大統領
「人為的気候変動（地球温暖化）防止の基盤構築」

アル・ゴア

ノーベル物理学賞

2021年
眞鍋淑郎（しゅくろう）ら3人
「大気と海洋循環を一体化した気候モデルの開発と
地球温暖化の予測」

眞鍋淑郎

受賞の基礎となった真鍋論文（1967年）

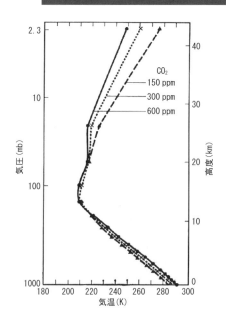

放射対流平衡にある大気の
鉛直方向の気温分布

対流圏はおよそ10kmまでで、
上は成層圏。
20〜30kmで濃度の高いオ
ゾン層。

大気中のCO_2濃度変化に伴
い地表温度が変化

原論文：
J. Atmospheric Sciences
Vol.24, No.3 pp.241‑259 (1967)

> **要点**　地球温暖化のシミュレーションには不確定な要素が多々あります。その困難を乗り越え
> て、現在の科学的な地球温暖化の予測があります。眞鍋淑郎博士らの努力が、2021年の
> ノーベル物理学賞へと結実しています。

第11話

地球の温度の長期的変動は?

地球温暖化の問題では第一に、本当に温暖化が進行しているのかが問われてきました。長期的な視点から、この問題を考えてみましょう。

■氷期と間氷期

古い時代の気候の変化は、海底の堆積物や南極の氷床コアでの酸素同位体の千分率(パーミル)から確認されています。99%以上のほとんどの酸素の質量数は16(陽子数8と中性子数8の和)ですが、質量数18(陽子数8、中性子数10)の酸素が数千分の1ほどあります。気温が上昇して海水が蒸発する場合、軽い質量数16の酸素が多く蒸発するので、気温が高いときほど、氷河の氷は酸素18が少なくなります。**図上段**での酸素18の低下から、気温の上昇を推定できます。人類の祖先である猿人が現れた500万年前は、現在よりはかなり暖かかったと考えられています。数百万年の間に振動しながらゆっくりと気温が下がってきています。50万年の間の酸素18の変化は**中段の図**に示されています。

■ミランコビッチサイクル

十万年のサイクルでは、地球は何度かの氷期を迎えました(**図中段**)。地球温度は数万年から十万年の周期で変化が見られます。現在はヴェルム氷期後の間氷期です。

この長期的な温度変化は、セルビアの地球物理学者ミルティン・ミランコビッチの提案した太陽の周りを回る地球の軌道の変化に関する「ミランコビッチサイクル」で説明が可能と考えられています(**図下段**)。

長期的な周期として、10万年、4万年、2万年の3つが考えられます。10万年周期は①公転軌道の離心率(扁平率)の変動によると考えられています。ただし、それが起こるメカニズムは完全には理解されていません。現在の地球の自転軸の傾きは23.4°ですが、これまでに21.5°から24.5°の間を定期的に変化しています。現在地軸の傾きは徐々に小さくなっており、1万2000年後には極小になると予想されています。この②地磁気の傾きの運動の周期は4万年です。自転軸の傾きの向きは、太陽の周りを運動しながら周期的に変化しています。これは歳差運動と呼ばれますが、この③自転軸の歳差運動の周期はおよそ2万年です。これらの運動の組み合わせにより、地球が受ける太陽の日射量が変化して気温の変動が引き起こされたと考えられています。

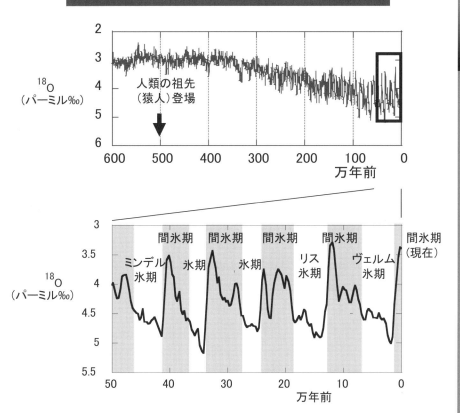

地球の温度の長期変動

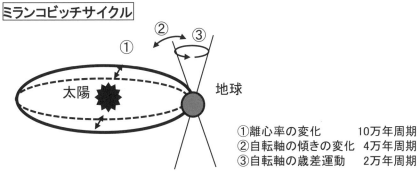

ミランコビッチサイクル

太陽

地球

①離心率の変化　　10万年周期
②自転軸の傾きの変化　4万年周期
③自転軸の歳差運動　2万年周期

要点 地球環境は、十万年ほどの周期で氷期と間氷期が繰り返されています。現在は間氷期です。地球温度のこの長周期の変動は、地球と太陽との位置関係や地球の自転の軸の変動による日射量で定まるミランコビッチサイクルで説明されています。

第12話 地球の温度の短期的変動は?

　気温の変動の自然現象の短期的要因の第一に、太陽活動のサイクルがあります。そのほか、さまざまな短期的変動の要因が考えられています。

■小氷期と太陽の活動サイクル

　地球の温度は太陽からのエネルギーで保たれています。太陽活動の変化が、そのまま地球温度を左右します。100年ほどの短期的変動には、太陽内部で生起される磁場の変動や黒点の変化による日射量の変化が関連しています。

　太陽活動の指標として、**上図**に①黒点数の年平均値の変化（針状の山）、②樹木の年輪の中の放射性同位元素炭素14のからの太陽活動度、③北半球でのオーロラの10年発生数、の3つの量が示されています。

　11年ごとに太陽の磁場のNS極が反転することで、黒点の極小期と極大期が交互に現れます。黒点が多く出現する極大期には、周りに白斑と呼ばれる高温部分があり、全体として太陽から照射エネルギーが増加します。

　炭素はほとんどが質量数12ですが、質量数14の同位体の炭素も非常に微量に存在します。この炭素14は、宇宙線が大気に入射するときに作られますが、太陽活動が強いときには銀河宇宙線の地球への侵入が少なくなり、光合成を行っている植物中の炭素14が減少し、年輪に現れます。

　また、太陽活動が激しいときには磁場を伴った高エネルギー荷電粒子（プラズマ、太陽風）が地球磁場をゆがめて、極地でのオーロラの発生頻度が高くなります。

　歴史的には、1615年からの70年間はマウンダー極小期と呼ばれる黒点やオーロラがほとんど観測されない太陽活動の極端に弱い時期であり、ロンドンのテムズ川も凍ったとの記録もあります。この数十年から100年ごとの太陽活動の変動は、太陽磁場の四重極成分などの多重極成分の変動によると考えられています（**上図下段**）。

■さまざまな短期的要因

　自然現象としては、火山活動などによる大気中のエアロゾルの増加による気温低下も確認されています。太陽からの高エネルギーのプラズマ流が地球磁気圏の磁場構造を変化させ、宇宙線の飛来を増減させて、雲の増減や電離層での電流の変化が起こること（スベンスマルク効果）も議論されています（**下図**）。

　産業革命以降の急激な気温上昇は、これらの自然現象と異なり、人工的な要因が主であると考えられています。

太陽活動の変動による気温変化

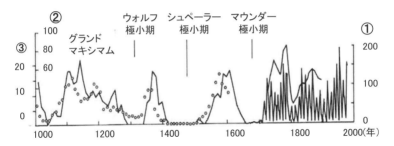

①太陽黒点数の年平均値（1650年から1990年までの針状曲線）
②樹木の年輪中の炭素14のからの太陽活動度（1000年から1900年までの曲線）。
③北半球でのオーロラの10年発生数

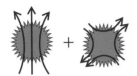

太陽の磁場構造

2重極成分は11年で、
4重極成分は100年程で反転

気候変動のさまざまな原因

長期的変動

　　ミランコビッチサイクル（日射量の長期的変動、氷期と間氷期）

短期的変動

　　自然：　太陽活動の変動（マウンダー極小期など）
　　　　　　火山噴火とエアロゾル（冷却効果）
　　　　　　スベンスマルク効果（宇宙線による雲の生成と日傘効果）

　　人工：　温室効果ガス
　　　　　　アルベド（反射率）の減少
　　　　　　オゾン密度の変化（成層圏と対流圏）

要点 地球温度の100年周期や10年周期の短期的変動は、自然の要因としての太陽活動の変動によることが、さまざまな科学データで示されています。火山活動の影響も無視できませんが、近年の急激な温暖化は、人工的な温室効果ガス排出によると考えられています。

第13話 地球温暖化の証拠は明確か?

地球温暖化の問題では、産業革命以来の人工的な急激な温度上昇と考えられています。これまでの詳細な科学データから、それが徐々に明らかとされてきました。

■ 10年平均の地球温度の変化

人間活動が及ぼす地球温暖化への影響について、これまでのIPCCの報告書でまとめられてきました。1990年の第1次評価報告書(FAR)では、「人間活動が気温上昇を生じさせるだろう」との控えめな表現でしたが、2013年の第5次評価報告書(AR5)では「可能性が極めて高い」(95%以上の発生確率)でしたが、2022年の第6次評価報告書(AR6)では「疑う余地がない」とされ(第❽話)、今や明白である、との結論を下されています。その科学的根拠として、(1) 世界平均温度の上昇、(2) 世界平均海面水位の上昇、(3) 雪氷の広範囲にわたる融解、など、さまざまな現象が示されています。

上図にはIPCCのAR6での10年平均で平滑化された世界平均温度が示されています。1850年からの濃い実線は観測値であり、西暦元年からの灰色の線は古い気候記録からの復元値です。

過去10万年間で最も温暖だった数世紀の期間の推定気温(可能性が非常に高い範囲)が左側の縦棒に示されています。第❶話の**中段の図**でわかるように、現在の間氷期(完新世とほぼ同じ)での6500万年前の温暖な時期に相当し、0.2〜1.0℃です。近年の温暖化は2000年間ほどでも前例のない暖かさです。過去10万年間の最も温暖だった数世紀の気温と比較しても、それを超える勢いです。

■ 産業革命以降の年平均の気温上昇

1850年から2020年までの170年間について、年平均の気温の観測値が**下図**に示されています。濃い実線が観測値であり、1900年ごろからなだらかに上昇し、1960年ごろには少し下降し、その後、10年で0.2℃ほどの増加率で上昇しています。灰色の帯状の部分と中心線はコンピュータによる解析結果です。自然現象としての太陽活動と火山活動とのみを考慮してのシミュレーションでは、大きな上昇を再現できません。二酸化炭素やメタンによる人為起源の温室効果ガスの影響(+1.5℃)などを考慮することで、近年の急激な気温上昇が再現されています。この昇温の一部はエーロゾルによる冷却効果(—0.4℃)で部分的に抑制され、1.1℃の昇温となっています。

世界の平均気温の変化（基準は1850～1900年）

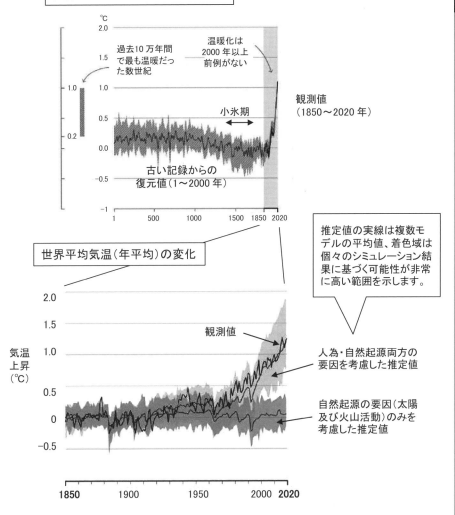

世界平均気温（10年平均）の変化

過去10万年間で最も温暖だった数世紀

温暖化は2000年以上前例がない

小氷期

観測値（1850～2020年）

古い記録からの復元値（1～2000年）

世界平均気温（年平均）の変化

推定値の実線は複数モデルの平均値、着色域は個々のシミュレーション結果に基づく可能性が非常に高い範囲を示します。

観測値

人為・自然起源両方の要因を考慮した推定値

自然起源の要因（太陽及び火山活動）のみを考慮した推定値

気温上昇（℃）

出典：IPCC AR6 SPM（2021）図 SPM.1

要点 地球の温度は、中世での小氷期と呼ばれる低い時期もありましたが、現在の観測値では明確に急激な上昇を示しています。これは自然の要因で説明できません。人為的な温室効果ガスによる温度上昇であると考えられています。

第 14 話

地球温暖化の原因は？

温暖化が進行しているとの観測は明確であるとして、その原因は本当に人類のエネルギー起源の二酸化炭素によるものなのでしょうか？　他の要因はないのでしょうか？

■温室効果ガス（GHG）による温暖化

地球の温度は太陽エネルギーで保たれています。太陽からのエネルギーを地球が吸収し、その一部を宇宙に放射することで熱的なバランスがとれる値として、地球の温度が定まります。温室効果がなければ、マイナス18℃の冷凍の世界になってしまいます（第❸話）。温室効果ガス（GHG）が増えると宇宙へのエネルギー放射が減り、地球温暖化が起こります（**上図**）。

気温が一定に保たれている状態を基準として、宇宙空間への放射が減るか増えるかで、地球の温暖化か寒冷化かが決まります。対流圏の上端（圏界面）における平均的な正味の放射の変化を放射強制力（W/m^2）として表し、気温が一定に保たれている状態（IPCCでは産業革命以前の1750年を採用）を基準として、正の放射強制力が温暖化、負の放射強制力が寒冷化に相当します。太陽から入射されるエネルギーは平均して340W/m^{2}ですが、平衡状態からこの1%ほどのパワー放射変化が、地球温度を左右することになります。

■地球温暖化係数（GWP）

現在、エネルギー起源の二酸化炭素が温暖化の要因としてさまざまな対策が講じられています。温室効果ガスとしては、水蒸気のほかに二酸化炭素、メタン、一酸化二窒素、フロンなどがありますが、二酸化炭素を基準にして、ほかの温室効果ガスがどれだけ温暖化する能力があるか表すのに、「地球温暖化係数（GWP）」が定義されます。単位質量（例えば1kg）の温室効果ガスが大気中に放出されたときに、一定時間内（100年）に地球に与える放射エネルギーの積算変化量（温暖化への影響）を、二酸化炭素に対する比率として評価した値です。メタンの係数は25であり、一酸化二窒素は298です（**下表**）。AR6での評価では、2019年でのGHGのガス濃度は、二酸化炭素は410ppm（工業より47%高い）、メタンは1866ppb（工業化前より約156%高い）であり、二酸化炭素の寄与は＋0.8℃、メタンは＋0.5℃とされています。一方、人為的なエアロゾルとして二酸化硫黄の寒冷化寄与は－0.5℃と評価されています。

温室効果ガスによる地球温暖化のしくみ

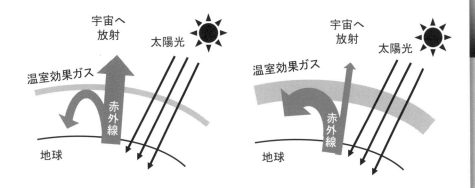

CO_2などの温室効果ガスは光をよく通しますが、
赤外線（熱）を吸収し一部を地表に再放射します。
温室効果ガスが増えると地球温暖化が起こります。

人為的な温室効果ガスの種類

温室効果ガスの種類	地球温暖化係数（GWP）	用途・排出源
二酸化炭素（CO_2）	1	化石燃料の燃焼など
メタン（CH_4）	25	稲作、廃棄物の埋め立てなど
一酸化二窒素（N_2O）	298	工業プロセスなど
ハイドロフルオロカーボン類（HFCs）	1,430など	スプレー、エアコンの冷媒など
パーフルオロカーボン類（PFCs）	7,390など	半導体製造プロセスなど
六フッ化硫黄（SF_6）	22,800	電気の絶縁など
三フッ化窒素（NF_3）	17,200	半導体製造プロセスなど

GWP: Global Warming Potential

> **要点**　二酸化炭素濃度が高くなると、温室効果で地球から宇宙に排出されている熱がこもって温暖化が起こってしまいます。その強さ GWP（地球温暖化係数）を二酸化炭素を1とすると、メタンが25倍、一酸化二窒素が300倍近くです。

第15話 地球温暖化の予測は？

現在は温暖化が進んでいますが、今後どのように変化するのでしょうか？　気温上昇を止めるには、どのような社会・経済を考えなければならないのでしょうか？

■共通社会経済経路

温暖化の将来予測のために、AR6では共通社会経済経路（SSP）シナリオとして、SSP1－2.6（AR5のRCP2.6に相当）などのいくつかのシナリオが定義されています。最初の数字は、1：持続可能、3：地域対立、5：化石燃料依存などのモデルを示し、最後の少数点の数字は、2100年ごろの放射強制力の値を示しています。

上図には、例として5つのシナリオでの二酸化炭素排出量が示されています。二酸化炭素以外のGHGとしてのメタン、一酸化二窒素や、大気汚染物質でエアロゾルとしての二酸化硫黄の寒冷化効果もモデルに組み入れられて、気温変動の予測がなされます。

気候政策の導入なしのシナリオ（参照シナリオ）として、二酸化炭素が2015年から2050年で2倍になるシナリオ（SSP5—8.5）か、2100年に2倍になるシナリオ（SSP3—7.0）があります。一方、気候政策が導入されて2050年ごろに排出が正味ゼロになりそれ以降は正味負となる排出量が非常に少ないSSP1—1.9や、同様に、正味ゼロとなる時期が少し遅れて負になるレベルが小さく、排出量が少ないSSP1－2.6が定義されています。気候政策ありで排出量が中程度のシナリオ（SSP2－4.5）も、図に含まれています。

■世界平均気温の変化の予測

上記5つのシナリオについて、1850〜1900年を基準とした世界平均気温の将来予測が**下図**に示されています。実線は最良の推定値を示し、陰影は可能性が非常に高い（90〜100%の確率）範囲を示しています。

図の5つの例では、GHG排出量の非常に多いシナリオは2100年での温度上昇は5℃、多いシナリオでは4℃、中間のシナリオでは3℃近くです。一方、GHG排出量の少ないシナリオでは今世紀中に2℃近くまで上昇します。さらに非常に少ないシナリオでも1.5℃のレベルに到達しますが、0.1℃以内の一時的なオーバーシュートを伴いながら、21世紀末には世界平均気温が1.5℃未満に低下することが「どちらかと言えば可能性が高い（50〜100%の発生確率）」と評価されています。

2100年までの人為的なCO$_2$年間排出予測

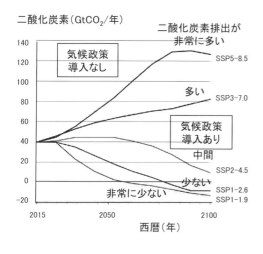

二酸化炭素（GtCO$_2$/年）

二酸化炭素排出が
非常に多い

気候政策
導入なし

多い

気候政策
導入あり

中間

少ない

非常に少ない

SSP5-8.5

SSP3-7.0

SSP2-4.5

SSP1-2.6
SSP1-1.9

西暦（年）

社会経済シナリオ　SSPx－y

X= 1：持続可能
　　3：地域対立
　　5：化石燃料依存

y= 2100年頃の
　　放射強制力（W/m^2）

SSP（共通社会経済経路）
Shared Socioeconomic Pathways

緩和策困難

★SSP5
化石燃料
依存・発展

★SSP3
地域分断

★SSP2
中間

★SSP1
持続可能

★SSP4
格差

適応策困難

出典：IPCC　AR6 WG1 SPM（2021年）図 SPM.4 等より作成

世界平均気温の将来予測

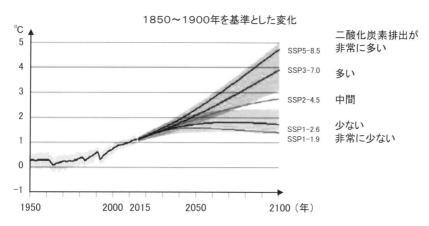

1850～1900年を基準とした変化

二酸化炭素排出が
非常に多い

多い

中間

少ない
非常に少ない

SSP5-8.5

SSP3-7.0

SSP2-4.5

SSP1-2.6
SSP1-1.9

出典：IPCC　AR6 WG1 SPM（2021年）図 SPM.8

要点 地球の気温の将来予測は、どのような社会を想定するかで異なります。最新の IPCC 評価
報告書（AR6）では、持続可能、地域分断、化石燃料依存などの SSP（共通社会経済パス）
を想定して、気温上昇の目標を 1.5℃以下とする二酸化炭素排出量が予測されています。

第 16 話

地球温暖化の緩和・適応策は?

地球温暖化を抑制し、緩和するためにはどのようにすればよいでしょうか? また、温暖化への備えとして新しい気象条件への適応はどのようにすればよいでしょうか?

■地球温暖化の影響

温暖化による環境の変化を**上図**に示します。気象については、極端な気温上昇のほかに、豪雨、干ばつや大型台風の発生が懸念されます。降雪の減少や永久凍土の融解も進んでしまいます。海洋については、海面上昇、海の酸性化などの悪影響が及ぼされます。沿岸の浸食や水没の危機に瀕する可能性のある国(キリバス、ツバルなど)もあり、「環境難民」が危惧されています。さらに、動植物の生態系への影響が生じ、人間社会の農林水産業への影響も無視できなくなり、高温に耐える食用野菜などの品種改良も必要になります。高潮被害や熱中症などの健康被害も増えることになるので、防災が重要になります。

現状では地球温暖化を完全に防止することは困難です。対策として、温暖化を抑制する「緩和策」と、温暖化の悪影響を回避する「適応策」の 2 つを考える必要があります(**下図**)。

■二酸化炭素排出の抑制策=緩和策

地球温暖化の悪影響の緩和策としては、GHG(温室効果ガス)の排出を削減する対策と GHG の吸収源を増大する対策です。具体的には、創エネルギーでの再生可能エネルギーや原子力エネルギーの有効活用、エネルギー利用での電化・水素化、省エネルギー対策の促進があり、植樹による森林吸収源の増大や関連する環境教育の重要性の喚起も重要です。特に、カーボンニュートラルのためには二酸化炭素除去(CDR)の技術開発が不可欠です。

■影響最小化を目指す防備策=適応策

緩和策でも温暖化を避けることができない場合には、その悪影響への備えと、新しい気候条件への適応、およびその気候の有効利用の適応策が必要になります。具体的には、気候変動による豪雨災害対策や熱中症などの健康被害対策、さらに農産物の高温障害対策、気候に合った農作物の生育などがあります。太陽からの照射エネルギーを制御する太陽放射管理(SRM)も適応策の 1 つとして考えることもできますが、未知のリスクの可能性が指摘されており、慎重な対応が求められています。

地球温暖化で変わる環境

気象

極端な気温上昇

豪雨

干ばつ

大型台風

降雪減少

海洋

海面上昇

海の酸性化　H⁺

生態系

生態系分布の変化

生物多様性の危機

地球温暖化の緩和策・適応策

緩和策（mitigation）と適応策（adaptation）

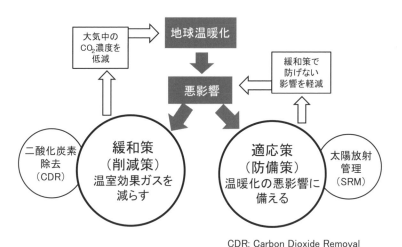

CDR: Carbon Dioxide Removal
SRM: Solar Radiation Management

要点　地球温暖化による気象、海洋、生態系への悪影響を予測が必要です。その影響を減らすために、温室効果ガスの削減（緩和策）が必要であり、どうしても緩和できない場合には、悪影響への備え（適応策）が必要となります。

第2章　カーボンニュートラルのエネルギーと環境（地球温暖化問題）

コラム2 地球は寒冷化する？ （地球温暖化と熱塩循環）

　地球温暖化の影響を訴える映画が、これまでに数多く公開されています。米国元副大統領のアル・ゴア氏のドキュメンタリー『不都合な真実』（2006年・米国）はそのバイブル的な映画です。寒冷化への警鐘の映画もあります。映画『デイ・アフター・トモロー』（2004年・米国）では、世界各地で異常気象が発生し、海洋大循環に変動が起こり、巨大な寒冷低気圧が発生して氷河期が到来するという物語です。これは、深層海洋熱塩循環の現象に基づくSF映画です。

　海水の密度の違いから起こる「深層海洋熱塩循環」は、1996年米国コロンビア大学のウォーレス・ブロッカー教授が提案した考えであり、「深層水のベルトコンベア」と呼ばれています。この海流は2000年周期で循環しており、熱容量が大きいので気候を安定に維持しています。

　一般的に海水の密度は全地球で一様ではなく、その境界は明瞭で不連続です。温度による密度差と塩分による密度差との2つがあるので、「熱塩循環」と呼ばれています。赤道付近では温められて密度の低い表面海水となり、高緯度では冷えて密度が高くなった海水となるので、これらの間で循環が起こります。

　欧州が比較的温暖なのは、この熱塩循環が一因とされています。地球温暖化により、グリーンランドや北米大陸の氷が溶けて海水の塩分濃度が低下し、北大西洋の海水の沈み込む量が減少して、深層海流大循環が弱まる可能性があるのです。

　IPCC第5次評価報告書（AR5）によれば、大西洋の深層海流循環の変化の兆候は現状では観測されていません。将来予測としては、深層海流循環が数十年規模の自然変動により逆に強まる時期があるかもしれないが、21世紀中に弱まる可能性は非常に高いとされています。また、21世紀中に突然に停止してしまう可能性は非常に低いものの、22世紀以降の将来について、大規模な地球温暖化が持続するならば大西洋の深層循環が停止してしまうかもしれないと警告しています。

表層流（暖水低塩分）

深層流（冷水高塩分）　　熱塩循環

第3章

カーボンニュートラルの技術のあらまし（脱炭素技術概要）

地球温暖化の緩和策と適応策の技術をまとめ、カーボンニュートラルのための創エネ、利エネ、省エネ、節エネのハード技術を概観します。さらに、ビジネスとしてのカーボンプライシング、ESGマネジメント、カーボンオフセットを説明します。

第17話 緩和の技術策は?

　地球温暖化の第1の対策としての緩和策では、温室効果ガス（GHG）の排出削減と同時に、GHG の吸収のための対策があります。

■廃棄物問題と二酸化炭素

　環境問題でのごみ問題ではリデュース（削減）、リユース（再利用）、リサイクル（再循環）の3つのR（アール）が重要です。化石燃料から排出される二酸化炭素についても同様です。二酸化炭素を排出しないエネルギー源を利用し、排出された二酸化炭素は回収して燃料生成用にて再利用するか、化学製品などとして再循環することができます。温室効果ガスとしての二酸化炭素の「3R」を進めることは、地球温暖化の「緩和策」にも対応しています

■緩和策（GHG の排出削減と吸収）

　地球温暖化対策での緩和策としては、エネルギー起源の二酸化炭素の排出を削減します（**上図**）。創エネ段階では、化石燃料による火力発電を減らし、カーボンフリーの太陽光や風力などの再生可能エネルギーや安全性を高めた原子力エネルギーの利用を推進します。利エネ段階では、利用時に二酸化炭素の排出のない電力や水素を活用することです。そして、省エネ技術を発展させて効率化を図る必要があります。天候に左右されやすい太陽光や風力発電には、蓄電池などの蓄エネ技術の進展も重要です。どうしても削減できない二酸化炭素ガスは、二酸化炭素除去（CDR）としての二酸化炭素回収・貯留（CCS）の技術により削除が計画されています。森林の光合成による二酸化炭素吸収などを増進することも大切です。

■バイオマス発電と CCS の組み合わせ

　バイオマスエネルギーでは、空気中から二酸化炭素を固定された木材などを燃焼することで再び二酸化炭素は空気中に排出され、カーボンニュートラルとなります。地中に埋蔵されていた化石燃料の燃焼の場合には、CCS により二酸化炭素を再び地中に貯留します。非エネルギー起源の二酸化炭素を含めてすべてをカーボンニュートラルとすることは不可能なので、カーボンネガティブエミッションを達成する必要があります。バイオエネルギーと CCS を組み合わせた BECCS（二酸化炭素回収・貯留付きバイオエネルギー）の開発が進められています（**下図**）。

緩和策

温室効果ガスの排出を抑制する

◆再生可能エネルギーの普及拡大
◆安全に留意した原子力エネルギーの活用
◆省エネルギー対策
◆森林吸収源対策

◇CDR（二酸化炭素除去）
　　CO_2の回収・貯蔵（CCS）

ゴミ
CO_2

3R
（Reduce, Reuse, Recycle）

CDR（二酸化炭素除去）による排出量削減

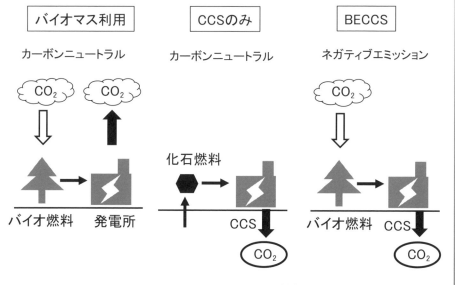

バイオマス利用	CCSのみ	BECCS
カーボンニュートラル	カーボンニュートラル	ネガティブエミッション

バイオ燃料　発電所

化石燃料　CCS

バイオ燃料　CCS

CCS : Carbon Capture and Storage
BECCS : Bio-Energy with CCS

> **要点** 地球温暖化緩和策として、脱炭素の再エネや原子力の利用、森林吸収源対策、それに人工的な CDR（二酸化炭素除去）があります。特に CCS（二酸化炭素回収・貯蔵）や BECCS（CCS 付きバイオエネルギー）が人工的な対策として有効です。

　温暖化の第2の対策としての適応策では、異常気象の予測と新しい気象条件への対応、さらに健康被害に対する予防も重要になってきます。

■影響最小化を目指す適応策

　温室効果ガスの抑制策＝緩和策には限界があります。地球温暖化を止めることが困難と予想される場合には、その悪影響への備えと新しい気候条件への適応など、影響の最小化を目指す防備策＝「適応策」が必要になります。地球温暖化が進むにつれて、気象現象だけではなく、動植物の生態系などへの影響や、人間社会や人間の健康にさまざまな悪影響が生じると予想されています。それに備えるための適応策が必要とされてきています（**上表**）。

　具体的には、異常気象による豪雨・洪水災害対策、渇水と干ばつによる水資源対策や、熱中症などの健康被害対策、さらに農産物の被害対策としての品種改良や栽培地域の変更、気候に合った農作物の生育などさまざまな細やかな対策が望まれています。伝染病の増加に対する防疫も必要です。それらに対する技術開発も進められてきています。

■太陽放射の制御

　二酸化炭素の排出の削減が困難な場合、太陽エネルギーの宇宙への放射を増やすことで、温暖化の影響を軽減することが提案されてきています。気候工学（ジオエンジニアリング）の観点から、大気中にエアロゾル（浮遊する微細な粒子）を注入する方法であり、太陽放射管理（SRM）と呼ばれています。これは適応策の1つと考えることもできます。

　海水を吹き上げて雲の凝結核となる海塩粒子（海水中の塩分からなる微粒子）を増やして雲の太陽光反射率を上げる案や、宇宙に巨大な太陽光遮蔽板を設置する案も提案されてきました。また、ジェット機や気球により成層圏の大気中に硫黄の微粒子を散布し、硫酸エアロゾルを形成して太陽光の反射を増やすもあります（**下図**）。実際に、1991年のフィリピンのピナツボ火山の噴火では、大量の硫酸エアロゾルが成層圏にもたらされ、1〜2年の間、地球の平均気温が0.5℃下がったとされています。しかし、SRMにより地球規模の水循環を変化させてしまい、中止すると急激な気温の上昇を招くと考えられています。また、海洋の酸性化などを止めることはできませんし、生物多様性の保全などの観点からも、慎重な対応が必要と考えられています。

適応策

適気候変動の悪影響に対処する

◆治水対策、洪水危機管理
◆渇水対策、水資源管理
◆避難体制や危機管理体制の強化
◆熱中症予防、感染症対策
◆農作物の被害対策、品種改良
◆生態系の保全

◇SMR（太陽放射管理）

SRM（太陽放射管理）

SRM: Solar Radiation Management

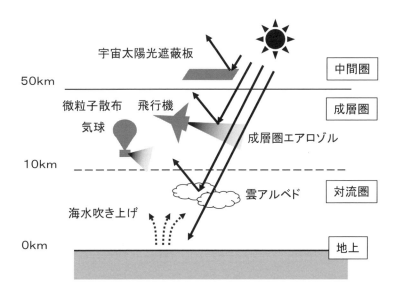

要点 地球温暖化適応策として、異常気象、動植物の生態系への影響、人間の健康への悪影響などへの防備策があります。ジオエンジニアリングにより大気中にエアロゾルを注入するSRM（太陽放射管理）も検討されてきています。

第 19 話

創エネによるカーボンニュートラルは?

　電気や水素などのクリーンなエネルギーを創る段階で温室効果ガスがどの程度排出されるのか、に留意する必要があります。

■創エネはエネルギー変換

　創エネとは「エネルギーを創る」ことを意味していますが、科学的視点からは、「エネルギー保存の法則」によりエネルギーの量は一定であり、エネルギーを創るのではなくて、あるエネルギーをほかのエネルギーに変換することであるといえます。人間にとって有益なエネルギーの形態に変換することです。物理反応や化学反応を利用して、二次エネルギーが創られます。特に、創電（発電）や創水素（水素製造）が重要です。一般的には、エネルギー変換の過程で熱や二酸化炭素が排出されます（**上図**）。

■再生可能エネルギーと原子力エネルギー

　エネルギー供給側としての「創エネ」では、創エネのエネルギー源が脱炭素化か否かが重要です。特に創電としては化石エネルギーを使うのではなく、再生可能エネルギーか核エネルギーでの発電が必要です（**下図**）。

　再生可能エネルギーとしては、太陽光、風力、水力、地熱やバイオマスがあります。ここで、森林バイオマス（木質ペレットなどの木質バイオマス）については、森林伐採と植林との長期サイクルがカーボンニュートラルに寄与しないとの指摘があり、課題が山積みです。

　化石燃料を使って創電する場合でも、石炭や石油でなくて、二酸化炭素の排出が比較的少ない天然ガスの利用が進められてきています。さらに、炭素原子が含まれていない水素やアンモニアを混ぜての火力混焼発電や二酸化炭素の回収・貯蔵（CCS）としての岩盤下貯留技術の開発が進められています。原子力も安全性を重視した小型原子炉の開発が進められてきています。

　エネルギー需要側としての「利エネ」では、エネルギー効率の高い機器の開発や省エネ政策などによりエネルギー消費量を減らして二酸化炭素排出量を削減すると同時に、火力に依存する非電力の熱源を脱炭素化の電力エネルギーシステムへ転換（電力化）することを進めることで、2050 年のカーボンニュートラルの達成を目指しています。「電化」のほかに「水素化」も重要であり、電化や水素化による脱炭素化が有効です。以上の創エネと利エネとの両面からの取組みが重要となってきます。

創エネとエネルギー変換

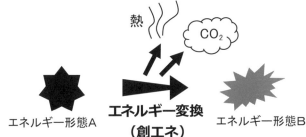

熱

CO_2

エネルギー形態A

エネルギー変換
（創エネ）

エネルギー形態B

創エネとは
エネルギー変換の
ことです。

エネルギー対策のカギは脱炭素エネルギー

再生可能エネルギー

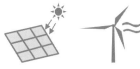

太陽光　　　風力　　　水力　　　地熱　　　バイオマス

原子力発電

火力発電＋CO_2の隔離技術

　＋　

出典：環境省 HP
http://www.env.go.jp/guide/budget/h26/h26-gaiyo-2/026.pdf

> **要点**　カーボンニュートラルには脱炭素創エネ、特に脱炭素創電（発電）が有効であり、再生可能エネルギー、原子力、あるいは、火力発電の場合には CCS が必要です。電力化のほかに水素化も有効であり、利エネでは省エネ、節エネが必要です。

第20話 電化によるカーボンニュートラルは？

　カーボンニュートラルのためには、エネルギー消費の際に二酸化炭素の排出がない電力機器が有益です。その場合、脱炭素化電源開発を促進する必要があります。

■ゼロ炭素機器の利用

　エネルギーを利用する（利エネ）場合には、単位エネルギー当たりの二酸化炭素の排出量が少ない機器が有益です。それにはエネルギー効率を高める必要があります。特に、熱機関では複合システムなどによる高効率化や、排出された二酸化炭素の回収・貯蔵・再利用ができるシステムが開発されてきています。

　電力エネルギーと非電力エネルギーの割合のイメージ図を**上図**に示されています。脱炭素化には熱源などの非電力エネルギー機器を可能な限り高効率のゼロカーボンエミッション機器としての電力機器、水素機器などに取り換えて、2050年のゼロ炭素化を目指す必要があります。

　例えば自動車の場合、ガソリンや軽油ではなくて、電気を利用した電気自動車（EV）や水素による燃料電池車（FCV）が脱炭素化の切り札です（第㊾話）。燃料電池として水素を利用して電動モータを駆動する燃料電池車（FCV）にも期待が集まっています。

　自動車のほかに飛行機でも、小型セスナ機では電動化が進んでいます。大型旅客機では電力化は困難であり、再エネ由来の水素を用いた液体合成燃料が内燃機関燃料として開発されてきています（第㊿話）。

■ゼロ炭素電源の活用

　電気であれ、水素であれ、それをつくるのに、二酸化炭素を多量に排出するのであれば電力化や水素化は脱炭素化につながりません。電気を再生可能エネルギーなどでつくられる電気（グリーン電気）を利用することが、脱炭素化にとって重要です。バイオ燃料を利用した内燃機関自動車も脱炭素化に寄与する自動車です。

　電力エネルギー消費はますます増大すると予想されます（**下図**）。2050年までには再生可能エネルギーが主電源となり、原子力エネルギーも活用する必要があります。火力発電は急激にゼロにせずに徐々に削減していき、同時にCCUS（二酸化炭素回収・利用・貯留）付きの火力発電に転換していく必要があります。水素やアンモニアを用いた発電（混焼発電と専焼発電）も開発され、2050年ごろには活用されていると予想されます。

2050年に向けての脱炭素化のイメージ

エネルギー消費の電力化推進

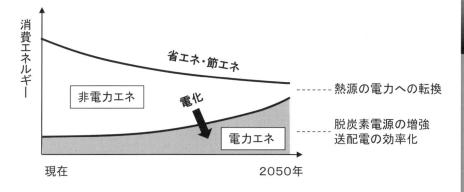

電源システムの脱炭素化

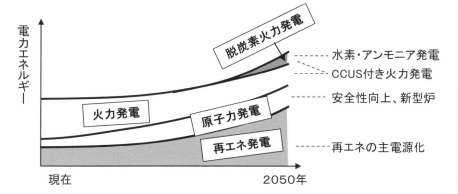

要点 2050年カーボンニュートラルを目指しては、省エネ、節エネを進め、かつ、非電力エネルギーを極力電化します。電力は再エネ発電、原子力発電、それに脱炭素火力発電によりまかない、送配電の高効率化も行います。

第21話 省エネによるカーボンニュートラルは?

脱炭素化に向けては、エネルギー機器の電化や高効率化が重要です。それは、省エネ技術の開発によるカーボンニュートラルの達成にも通じています。

■省エネ、節エネ、エコ、コスパの違い

「省エネ」とは、エネルギーの無駄をはぶく（省く）ことであり、経済的な観点からも環境保護の観点からも重要です。一方、似たような言葉で、節エネ、エコなどがあります。「節エネ」とは、エネルギーの使用量を節約することであり、特に「節電」は電力不足による停電を回避するためにピーク時の使用電力を抑える場合や、こまめに機器を OFF として電気使用量を抑えるなどの、明確な目標がある場合に用いられる言葉です。一方、「エコ」とは人間の活動などによる自然環境への負荷を減らし、生物と環境とのエコロジー（生態）の視点からの環境保全の言葉です。同様に、「コスパ」がありますが、費用対効果（コストパーフォーマンス）の良いという経済に着目した言葉です（**上図**）。いずれにしろ、現代の SDGs の目標に合致する言葉です

■電化・省エネ技術と脱炭素化政策

電力はクリーンであると同時に扱いやすい二次エネルギーです。省エネを実現するには、エネルギー機器を電力化すると同時に、そのエネルギー機器の高効率化を図ることが必要です。例えば、自動車の場合には、ガソリン車に比べて電気自動車は GHG を出さないクリーンな車であると同時に、エネルギーの全体効率も優っています。まさに、エコで省エネな機器と言えます。

省エネによる脱炭素化の促進のためには、いろいろな政策がなされてきています。政府や自治体による省エネ支援としてさまざまな補助金システムがあります（**下図**）。

電化による脱炭素化も進められています。省エネで高エネルギー効率のエアコンや電気自動車購入に関する補助金や減税処置もなされてきています。電力送電では、スマートグリッドによる効率的なエネルギー管理がなされてきています。

熱効率の良いゼロエネルギーハウス（ZEH）の普及や、エネファーム（ガスを燃料とした家庭用燃料電池）、エコジョーズ（排気熱を利用した高効率給湯器）、エコキュート（深夜電力利用の電気給湯機）などの活用も進められてきています。エコドライブなどの個人のライフスタイルの変革も、カーボンニュートラル実現に重要な要素です。

省エネと節エネ

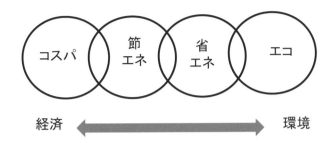

コスパ: コストパーフォーマンス（費用対効果）
節エネ: エネルギー使用量の節約
省エネ: エネルギーの無駄を省く（はぶく）
エコ : エコロジー（生態）、自然環境保全、脱炭素化

省エネによる脱炭素化

省エネルギーにより、実質的に二酸化炭素排出量を最小化できます。

政策による促進

政府、自治体による省エネ支援
　　　　（改正省エネ法、省エネ補助金など）

¥1000,000

電化による促進

省エネ性能の高い設備・機器の導入（電化、省電技術）
エネルギー効率が高い製品の開発（電気自動車、エアコン）
エネルギー管理の徹底（スマートグリッド）

熱・動力の有効利用

建物の省エネ化（ZEH、ZEBなど）
ライフスタイルの変革（クールビズ、エコドライブなど）

> **要点** 環境や経済を意識しての省エネや節エネにより脱炭素化が促進されます。特に、政府による省エネ補助政策、省エネ性能の高い電気機器の導入や ZEH（ネットゼロエネルギーハウス）やエコドライブなどのライフスタイルの変革なども重要です。

第22話 蓄エネによるカーボンニュートラルは?

　再生可能エネルギーを主力電源とするためには、天候などによる不安定さをカバーできるように、電力や水素エネルギーとしてのエネルギー貯蔵が必須です。

■蓄エネの種類と必要性

　発電された大容量の電力をその場で蓄電するのは容易ではありません。電気を電気エネルギーとして保存するには、キャパシタ（コンデンサ）による静電的エネルギーの貯蔵や超伝導コイルを利用した磁気的エネルギーの貯蔵があります（**上図**）。力学的エネルギーや化学的エネルギーに変換してエネルギー貯蔵（蓄エネ）を行うこともできます。揚水発電や石油備蓄も蓄エネに相当します。

■蓄電池

　一般的に、光、熱などの物理反応や、電解質中での化学反応などにより、エネルギーを電気に変換する装置を「電池」と呼びます。電池には、化学電池、物理電池、生物電池などがあります（**下図**）。

　化学電池には、アルカリ乾電池などの一次電池と、充電式蓄電池としてのリチウムイオン電池などの二次電池、そして、水素などを利用した固体高分子型などの燃料電池があます。

　現在、最も重量エネルギー密度が高くて高性能な蓄電池はリチウムイオン電池です。リチウムイオン電池は液体の電解質を使っているので、負極（カーボン）と正極（酸化物）が触れ合わないようにセパレータが必要で、かつ、液漏れ対策に丈夫な容器が必要となります。固体電解質を使う「全固体電池」では、セパレータや厚いケースが不要なので、多層化により小型化や大容量化が可能となります。特に、電気自動車の航続距離を延ばすために、全固体電池による小型で軽量の蓄電池の開発が進められてきています。

■蓄水素

　水素は使用時には二酸化炭素の排出がないので環境にやさしいですが、水素を製造するのに多くの二酸化炭素を排出してしまうのであれば本末転倒です。太陽エネルギーなどの再生可能エネルギー発電からの電気を、水の電気分解で生成される水素（これは「グリーン水素」と呼ばれます）として貯蔵することができます。カーボンニュートラルの観点からの蓄水素では、どのような生い立ちの水素なのかも重要なのです。

蓄エネの方法

力学的エネルギー貯蔵
　　　フライホイール（FWES）
　　　圧縮空気貯蔵（CAES）
　　　揚水発電（海水揚水、地下揚水を含む）

化学的エネルギー貯蔵
　　　新型電池電力貯蔵（BES）
　　　化学蓄熱（ケミカルヒートポンプ）
　　　水素エネルギー貯蔵
　　　石油備蓄

電磁的エネルギー
　　　超伝導エネルギー貯蔵（SMES）
　　　コンデンサ電気貯蔵

熱的エネルギー貯蔵
　　　水・氷蓄熱（クラスレート蓄冷）

電池の種類

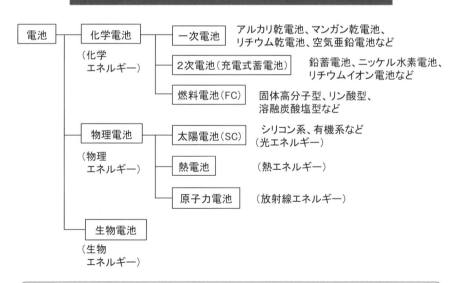

> **要点**　再エネ電源の不安定さを補うのには、蓄エネルギー技術が必須です。化学エネルギーへの変換による充電式蓄電池が一般的ですが、揚水発電、水素エネ貯蔵と燃料電池、熱貯蔵などにより、再エネ発電出力の平滑制御が可能となります。

第 23 話

カーボンリサイクルとは?

 地球温暖化の主要因と考えられている二酸化炭素を嫌うのではなく、積極的に「炭素資源」ととらえて、再利用、再循環する方法が模索されてきています。

■ 3R（削減、再利用、再循環）

 廃棄物では 3R 運動が唱えられてきていますが、産業廃棄物としての二酸化炭素も同様に考えることができます。

 第一に、レデュース（削減）であり、化石燃料火力の代わりに再生可能エネルギーを利用した高効率電化機器により二酸化炭素を削減します。削減できない二酸化炭素を分離・回収する必要があります。そのまま地中や深海底に貯蔵することもできます。これは「二酸化炭素回収・貯留（CCS）」と呼ばれます。第二はその回収された二酸化炭素のリユース（再利用）です。化学品、人工光合成、メタネーションなどの素材や燃料として利用できます。これは「二酸化炭素回収・利用（CCU）」と呼ばれます。第三はリサイクル（再循環）です。CCU として作られたメタノール燃料や化学製品の使用や廃棄での燃焼で、炭素が再循環されることになります（**上図**）。

 CCS と CCU を合わせて CCUS（二酸化炭素回収・利用・貯留）と呼ばれますが、回収した二酸化炭素をそのまま地中に圧入して貯留するのが CCS であり、CCU は①そのまま溶接用のガスや炭酸飲料やドライアイスの原料などに用いる「直接利用」、②生産中の油田に圧入することで原油の生産量を増やす「原油増進回収（EOR）」、③全く別の物質に転換した「再利用」が考えられています。この③が狭い意味での「カーボンリサイクル」と言えますが、広い意味では、上記の 2 つを合わせた CCUS がカーボンリサイクルの技術を代表していることになります。

■カーボンリサイクル技術ロードマップ

 日本では、世界の二酸化炭素排出量の 3％ほどであり、依然として火力発電に頼っており、2020 年度の日本の総発電量で化石燃料の割合は 75％となっています。残念ながら二酸化炭素の排出量の削減が足踏み状態の中、2019 年に「カーボンリサイクル技術ロードマップ」がまとめられ、2021 年には改訂されています。現在、技術開発の重点化のフェーズ 1 であり、カーボンリサイクル製品の早期普及はフェーズ 2 の 2030 年ごろと期待されています。2040 年ごろからリサイクル汎用製品の普及が期待されています（**下図**）。

カーボンリサイクル／CCUS

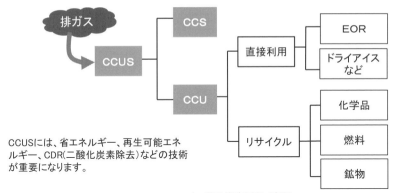

CCUSには、省エネルギー、再生可能エネルギー、CDR（二酸化炭素除去）などの技術が重要になります。

CCS： Carbon dioxide Capture and Storage（二酸化炭素回収・貯留）
CCU： Carbon dioxide Capture and Utilization and Storage（二酸化炭素回収・利用）
CCUS： Carbon dioxide Capture, Utilization and Storage（二酸化炭素回収・利用・貯留）
EOR： Enhanced Oil Recovery（原油増進回収）

カーボンリサイクル技術ロードマップ

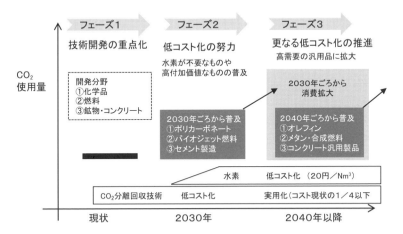

出典：経済産業省ホームページの
「カーボンリサイクル技術ロードマップ（2019年6月策定、2021年7月改訂）」を参照して作成

> **要点** CCU（二酸化炭素回収・利用）には、直接利用とリサイクルがあります。化学品、燃料、鉱物としてのリサイクルであり、二酸化炭素の分離回収のコストを2040年以降に現状の4分の1にすることが技術ロードマップの目標となっています。

第 24 話

カーボンプライシングとは？

　排出される二酸化炭素に価格をつけて、課金したり取引したりすることで、カーボンニュートラル政策を促進することが期待されています。

■炭素の価格づけ

　脱炭素化政策として、排出される二酸化炭素（カーボンオキサイド）に価格づけ（プライシング）を行い、二酸化炭素を排出した企業などにお金を負担してもらう温暖化対策のしくみがあります。これを「カーボンプライシング（CP、炭素の価格づけ）」と呼びます。国内でのカーボンプライシングとしては、炭素税、国内排出量取引、クレジット取引があります。また、企業内での独自の価格づけや、国際機関でのルール化も始められています。

■炭素税：価格を固定する手法

　炭素税とは、温室効果ガスを排出した企業などに対して、その排出量に比例した課税を行うシステムです（**上図**）。炭素税では、輸入段階から課税でき、資源配分の最適化が可能です。また、価格が一律に定まるため、企業活動への影響が予測しやすく、国の安定な税収確保にもつながります。一方、二酸化炭素の排出量の管理・制御が困難であり、どこまで二酸化炭素の排出量の削減につなげられるかが課題です。

　国内では、2012 年に「地球温暖化対策のための税（温対税）」が導入され、石炭や石油など化石燃料の本体税率のほかに、二酸化炭素排出量として 1t 当たり 289 円が上乗せされて課税されています。IEA（国際エネルギー機関）の炭素価格水準の提言によれば、先進国では二酸化炭素 1t 当たり 2030 年に 4000 円、2050 年には 1 万 5000 円とされています。途上国の価格はそれぞれの 4 分に 1 です。日本の温対税での炭素税率は欧州各国と比べて低いので、温帯税の税率を高めるのか、炭素税として新しく設定するのかの検討がなされてきています。

■排出量取引：排出量を固定する手法

　国内排出量取引は、政府が定めた二酸化炭素排出枠以上に二酸化炭素を多く出す企業が、ほかの企業の余剰分からお金を払って超過分の排出枠を買い取るシステムです（**下図**）。日本では東京都と埼玉県がそれぞれ独自の制度を運営しているだけで、全国的な広がりはこれから期待されています。

炭素税のしくみ

（温室効果ガスの排出量に応じた課税）

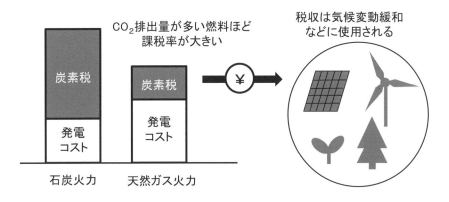

CO_2排出量が多い燃料ほど
課税率が大きい

税収は気候変動緩和
などに使用される

炭素税

発電
コスト

炭素税

発電
コスト

石炭火力　　天然ガス火力

国内排出量取引のしくみ

（排出枠からの超過分の売買）

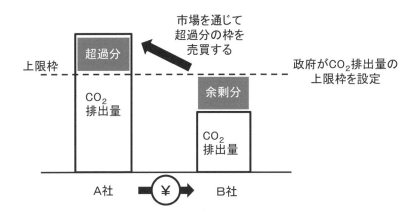

市場を通じて
超過分の枠を
売買する

上限枠

超過分

CO_2
排出量

余剰分

CO_2
排出量

政府がCO_2排出量の
上限枠を設定

A社　　B社

第3章　カーボンニュートラルの技術のあらまし（脱炭素技術概要）

要点 カーボンプライシング（炭素の価格づけ）による温暖化対策として、温室効果ガスの排出量に対応した炭素税（国内では温帯税）と、設定枠からの超過分や余剰分の排出量の売買による国内排出量取引があります。

第25話 金融のグリーン化とは？

金融や企業経営にも低炭素化・脱炭素化の波が押し寄せています。環境、人間社会や企業体制に配慮した企業かどうかが、投資への重要な要素となってきています。

■ ESG に配慮した投資と経営

環境（E、エンバイロンメント）・社会（S、ソサエティ）・企業統治（G、ガバナンス）の３つの観点から企業を評価・選別しての投資を「ESG 投資（ESG インベストメント）」といいます。３つの内容は、自然環境に配慮すること、人間社会への影響を考慮すること、そして、会社の企業体制を考慮すること、です（**上図**）。財務情報だけではなくて、これらの非財務的情報を重要視して、SDGs の目標に合致する経済活動が、世界的に期待されています。投資家にとっては、ESG 投資が長期的な資産形成につながり、社の問題解決に貢献できることになります。ただし、実際に短期的な資産形成に向くとは限りません。

「ESG 経営（ESG マネジメント）」も話題になっています。環境、社会、ガバナンスに関わるさまざまな問題を解決しながら、持続可能な経済成長を目指す経営のことです。これまでの経営では、売上額や利益率のような財務に注目されてきましたが、非財務的な判断をも組み入れた ESG 経営では、投資家による評価が向上し資金調達が容易となること、ブランド力の強化につながり企業価値と業績の向上が期待できること、そして、総合的に経営のリスクが減少すること、などの良い影響が見込まれます。

■ SRI、SDGs と ESG

投資意思決定プロセスに ESG の観点（環境、社会、コーポレートガバナンス）を組み込むべきだとして国連がガイドライン発表したのは 2006 年でした（**下図**）。この ESG 投資の言葉は、2008 年のリーマンショックのころから使われ、日本では 15 年ごろから話題になりました。

ESG 投資以前では SRI（社会的責任投資）と呼ばれて、反社会的問題や軍事関連の企業への投資を避けることを配慮した投資でした。1990 年代に入ってからは環境問題が考慮されはじめて、現在の ESG につながっています。ESG は「企業取り組む中長期的な目標」であるのに対し、SDGs は「国家や個人が解決したい目標」です。ESG 経営は、SDGs の目標の「働きがいも経済成長も」が関連しており「豊かさ（プロスパリティ）」の目標の１つなのです。

ESG投資とESG経営

持続可能な成長と企業価値向上とを実現する経営

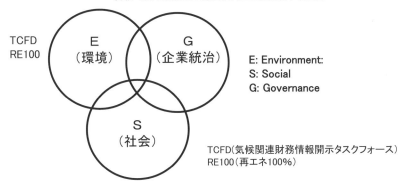

TCFD
RE100

E（環境）　G（企業統治）

S（社会）

E: Environment:
S: Social
G: Governance

TCFD（気候関連財務情報開示タスクフォース）
RE100（再エネ100%）

SRI、ESG とSDGsの経緯

SRI(社会的責任投資)

1920年代	キリスト教教会の反アルコール、反ギャンブルの投資
1960年代	ベトナム戦争に関連して反軍事企業への投資
1990年代	地球環境問題に焦点

ESG(環境・社会・企業統治)投資

2006年　ガイドラインを国連が発表

2015年頃から　日本で話題に

＜企業の取組み＞

MDGs(ミレニアム開発目標)

2000年～2015年の目標

SDGs(持続可能な開発目標)

2015年～2030年の目標

＜国家、個人の取組み＞

SRI: Socially Responsible Investment
ESG: Environment, Social, Governance
MDGs: Millennium Development Goals
SDGs: Sustainable Development Goals

要点　ESG 経営とは、環境（E）に配慮し、社会（S）への影響を考え、企業統治（G）に考慮しての経営であり、企業の価値を高める経営です。企業でのESG 投資はかつてのSRI（社会的責任投資）がベースとなっており、国や個人の取組みは主にSDGsに関連しています。

第 **26** 話　カーボンオフセットと J−クレジットとは?

　脱炭素社会の実現には、炭素税、排出量取引、そして 3 番目の政策としてのクレジット制度があります。一人ひとりのライフスタイルの転換も重要となります。

■カーボンオフセット

　企業などが二酸化炭素の削減に積極的に取り組むためには、自身で排出削減を行う、余剰排出枠を保有するほかの制度対象者から排出枠を購入する、制度としてのオフセット・クレジットを活用する、があります。

　オフセットとは「埋め合わせる」の意味であり、カーボンオフセットとは、どうしても削減できない二酸化炭素排出量をほかの場所の削減・吸収量（「クレジット」など）で埋め合わせることです。ほかの場所での削減・吸収とは、例えば森林の管理・育成などの森づくりにより二酸化炭素の吸収を促す活動や、太陽光発電など再生可能エネルギーの利用や高効率省エネ機器の導入などにより温室効果ガスの削減を実現できる活動です。例えば、ゼロカーボン運営を標榜するコンサートなどの開催において、開催に伴う温室効果ガスをクレジットで購入することでオフセットすることができます。2050 年のカーボンニュートラルの達成のためにはカーボンオフセットの活用が重要です。

■J−クレジット

　国が認証する J−クレジット制度とは、省エネルギー設備の導入や再生可能エネルギーの利用による二酸化炭素などの排出削減量や、適切な森林管理による二酸化炭素等の吸収量を「クレジット」として国が認証する認証する制度です。この制度は、国内クレジット制度とオフセット・クレジット（J−VER）制度が 2013 年度に発展的に統合された制度であり、国により運営されています。本制度により創出されたクレジットは、経団連カーボンニュートラル行動計画の目標達成やカーボンオフセットなど、さまざまな用途に活用可能となります。

　温室効果ガスの排出量削減のためには、個人でも脱炭素社会づくりに貢献する必要があります。「エネルギーの節約」「働き方の工夫」「スマートムーブ」など、日々の生活の中で可能な取組みです。2021 年の 9 月には、「ゼロカーボンアクション 30」として 30 項目で整理されており、できるところから一人一人が取り組んでみることが提唱されています。

カーボンオフセット（炭素埋め合わせ）

排出削減努力（省エネ促進、再エネ利用、森林管理など）

↓ 避けられない排出

①炭素税（石油石炭税に上乗せ）
②排出量取引（余剰排出枠の売買）
③Jクレジット（クレジットの購入）

J クレジット

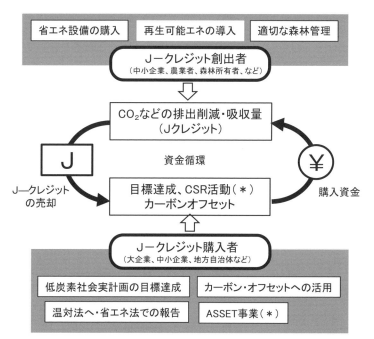

（＊）CSR活動：企業の社会的責任活動
　　　ASSET事業：先進対策の効率的実施によるCO$_2$排出量大幅削減事業

参考：経産省HP

要点 どうしても削減できない二酸化炭素排出量をオフセット（埋め合わせ）する方法として、炭素税、排出量取引のほかに、国が認証するJ−クレジットの購入・売却があります。個人ではゼロカーボン30などの取組みが推奨されています。

海面上昇はいつまで続く？
（熱膨張と氷床不安定性）

　地球温暖化がストップして一定の気温となったとしても、海面の水位はじわりじわりと上昇することが知られています。最悪の場合、2100 年には数十 cm、3000 年には数 m に達してしまうとの予測もあります（第**87**話）。

　海面水位の上昇には 2 つの主な要因があります。海水の温度上昇による海洋の熱膨張と陸氷（氷河や氷床）の損失・融解です。

　1993-2010 年の期間において、海面水位は 1 年当たり 3.2mm 上昇したと考えられていますが、主な内訳は、熱膨張（1.1mm ／年）、氷河の減少（0.76mm ／年）、陸地の貯水量の減少（0.38mm ／年）、グリーンランド氷床の減少（0.33mm ／年）、南極氷床の減少（0.27mm ／年）などです。

　グリーンランドと南極の氷床は地球上で最大の水の貯蔵庫となっています。地球温暖化を最小限に抑えることが、将来的な南極の氷喪失と海面上昇を抑える最善の方法です。しかし、今後起こり得るプロセスによっては、棚氷の消滅に従って、氷床や氷河の融解が暴走する可能性があります。

　その 1 つが「海洋性氷床不安定（MISI：Marine Ice Sheet Instability）」です。これは、棚氷とつながる氷床の内陸の部分が、海水面よりも低い盆地の上にのっている場合に起きやすくなります。南極の西部海岸付近にあるスウェイツ氷河で起こる可能性が指摘されています。また、海面から高さ 100m を超える氷の崖は、自重で崩壊して不安定になるという「海洋性氷崖不安定（MICI：Marine Ice Cliff Instability）」もあります。これはまだ推測に近い仮説の域を出ていませんが、もしスウェイツ氷河などが激しく後退して、非常に高い氷の崖が海上にそびえ立つようになれば、海洋性氷崖不安定のせいで、氷の減少や海面上昇がさらに急速に進むおそれがあります。南極がいったん転換点を超えてしまえば、たとえ大気中の炭素レベルを下げられたとしても、暴走する氷の後退は止められないと考えられています。

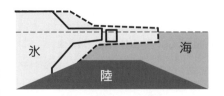

氷床不安定性（MISI）

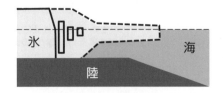

氷崖不安定性（MICI）

第4章

カーボンニュートラルの創エネ技術（脱炭素電源開発）

脱炭素を目指しての、石炭、石油、天然ガスの化石エネルギー。太陽、風力、水力、海洋、地熱、バイオの再生可能エネルギー。さらには、在来型と新型の原子力、未利用エネルギー。これらのカーボンニュートラルへ向けての創エネ技術の詳細を解説します。

第27話

一次と二次エネルギーとは?

　電気や水素エネルギーの利用時には二酸化炭素の排出はありませんが、電気や水素はほかのエネルギー資源から二次的に創られます。エネルギーの分類をまとめてみましょう。

■エネルギー源の分類

　エネルギーは、力が働いて物体が移動した場合の「仕事」として定義されますが、その起源のとしての力（重力、電磁力、弱い力、強い力）で、エネルギーを分類することができます（**上図**）。または、エネルギーの形態（力学、熱、電磁、光、化学、生体、核）で分類することもできます。応用面からは、エネルギー資源からの分類も用いられており、化石燃料（石炭、石油、天然ガス、非在来型）、自然エネルギー資源（太陽、風力、水力、地熱、海洋、バイオマスほか）、核燃料（核分裂、核融合、放射線ほか）があります。そのほかの分類としては、再生可能と再生不可能、一次と二次、集中と分散、大規模と小規模なども用いられます。

■二次エネルギーとしての電気、都市ガス、水素など

　石油、石炭、天然ガス、水力などは自然に存在するままで利用するエネルギーの「源」「原料」であり、一次エネルギーと呼ばれます。一方、石油（原油）から作られるガソリンや、天然ガスからの都市ガスなど、私たちが利用するうえでより使いやすい状態に「製品」として加工されたエネルギーを二次エネルギーと呼びます。

　電気はさまざまな一次エネルギーから創られます。一方、原油を蒸留・精製することにより、高温順に LP ガス・ガソリン・灯油・軽油・残油（重油）の石油製品がつくられます。水素は天然ガスの改質により、あるいは電気エネルギーによる水の分解によりつくられます。電気分解による水素は、三次エネルギーと呼ぶこともできます。

　カーボンニュートラル達成のためには、使用時に二酸化炭素排出のない（ゼロエミッション）二次エネルギーが不可欠です。それには燃料中に炭素原子を含まないこと、しかも、この燃料の製造時に再生可能エネルギーのようなカーボンフリーの一次エネルギー源を利用していることです（**下図**）。二次エネルギー同士の変換が容易なことも重要な点です。電気と水素とは水の電気分解と燃料電池とで相互変換が可能です（第⑩話）。また、アンモニアは水素ガスのエネルギー貯蔵燃料として利用も可能ですが、燃焼時に NOX が生成されるので注意が必要です（第㉑話）。

エネルギーのさまざまな分類法

力の起源　重力、電磁力、弱い力(放射崩壊)、強い力(核力)

エネルギーの形態　力学、熱、電磁、光、化学、生体、核

エネルギーの資源

化石燃料:　　　石炭、石油、天然ガス、非在来型
自然エネ資源:　太陽、風力、水力、地熱、海洋、バイオマスほか
核燃料:　　　　核分裂、核融合、放射線ほか

一次エネルギーと二次エネルギー

一次エネ:　化石燃料、核燃料、自然エネルギー

二次エネ:　電力、石油製品(ガソリン、軽油、灯油など)、
　　　　　　都市ガス(天然ガスまたは石炭から製造)、水素、
　　　　　　アンモニアなど

再生可能と再生不可
集中と分散
大規模と小規模

二次エネルギーとカーボンニュートラル

カーボンを含まない二次エネルギー源(電気、水素、アンモニア)
消費(燃焼)時にCO_2の排出なし
生成時には脱炭素化1次エネルギー源が重要

　電力:　　　　　　　　　電気エネルギー
　　　　　　　　　　　　　　　　　　色々なエネ形態に変換可能

　水素燃料(H_2):　　　　化学エネルギー
　　　　　　　　　　　　　　　　　　燃料電池で電気へ変換可能

アンモニア燃料(NH_3):　化学エネルギー
　　　　　　　　　　　　　　　　　火力発電や船舶燃料として利用

要点　エネルギーの分類法は力の起源、形態、資源、一次と二次などいろいろであります。脱炭素一次エネルギーは再生可能エネルギーや原子力などであり、脱炭素二次エネルギーとしては電気、水素、アンモニアが利用されています。

第 28 話　石炭火力の利用は?

　石炭は熱量当たりの単価が安く、安定供給性にも優れていますが、二酸化炭素排出量が大きいという問題があり、石炭火力は全廃すべきであるとの宣言もなされています。

■石炭の特徴と課題

　石炭資源は第一次産業革命を支えた貴重なエネルギー資源であり、現在も安価な化石燃料として重宝されています。生産国が多様であり、政情不安定などのリスクが低いとの利点もあります。一方で、石炭は二酸化炭素などの温室効果ガスの排出量が大きいという問題点を抱えています（**上図**）。

　石炭火力の脱炭素化には、高温高圧による高エネルギー効率化して、実質的にGHG排出量を削減すること、石炭の液化やガス化により硫黄を除去した取り扱いの容易な燃料とすること、そして、排出される二酸化炭素を回収・貯留（CCS）することであり、そのための技術開発が進められています。

■日本の消費エネの4分の1以上が石炭

　日本での一次エネルギー消費の最大は38%の石油の利用です（第❸話）。2番目が石炭エネルギーであり、27%です。日本での石炭の依存割合は世界平均とほぼ同じですが、EUや米国では10%ほどで、特に、イギリス（天然ガスが最大で4割近く）やフランス（原子力が最大で3分の1）では石炭の割合は2〜3%であり、石炭依存は微小です。一方、中国やインドなどの発展途上の国では50%を超えています（**下図**）。

　英国グラスゴーで開催された2021年11月のCOP26では、石炭火力を廃止することを盛り込んだ声明が、欧州を中心として採択されました。廃止時期は、先進国などは2030年代に、途上国を含めた世界全体は2040年代としていました。この声明には日・米・中・印は加わっていません。日本では、アンモニアや水素の利用を想定した排出削減対策のある火力発電を推進しています。最終的な「グラスゴー気候合意」では、産業革命前からの気温上昇を2100年までに1.5℃に抑えるという目標を合意文書に明記されました。また石炭火力発電では、インドなどの反対で「段階的に廃止」から、「段階的削減」という表現へ変更されています。いずれにしろ、排出削減対策がなされていない石炭火力発電の終焉は確実に近づいてきています。

石炭エネルギーの特徴

| 長所 | ○安価（炭素税や脱炭素化対策費用を含めると高価）
○政情安定な国からの輸入可能 |

| 短所 | △二酸化炭素の排出大
△輸送が液体や気体に比べて不便 |

| 脱炭素への対策 | ・高効率化によるCO_2削減
・石炭の液化やガス化
・アンモニアや水素の混焼発電
・排出CO_2の回収 |

一次エネルギーでの石炭の割合の比較

一次エネルギーの全消費量（EJ）

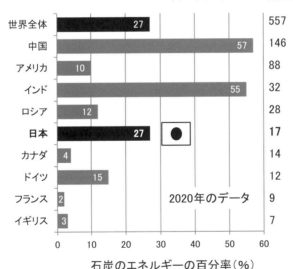

	石炭のエネルギーの百分率（%）	一次エネルギーの全消費量（EJ）
世界全体	27	557
中国	57	146
アメリカ	10	88
インド	55	32
ロシア	12	28
日本	27	17
カナダ	4	14
ドイツ	15	12
フランス	2	9
イギリス	3	7

2020年のデータ

要点 石炭火力は安価なエネルギーとして活用されてきました。しかし、低炭素化の対策のない石炭火力は2030年には終了すべきとの提言があります。日本の石炭火力の電源割合は、世界平均と同じ27％であり、30年停止は容易ではありません。

第29話 石炭火力の低炭素化は?

　グラスゴー合意での石炭火力の段階的削減では、排出削減対策のない石炭火力に限定されています。石炭火力ではどのような低炭素化の方法があるのでしょうか?

■石炭火力での低炭素化と高効率化

　火力発電を低炭素化するには、発電の高効率化、水素やアンモニアの混焼、そして、二酸化炭素回収貯留（CCS）による二酸化炭素削減です。ここでは、最初の高効率化について考えてみましょう。

　通常の石炭火力発電（**図上段**）では、ボイラで熱せられた高温の水蒸気により蒸気タービンを回して発電機を動かします。高効率を実現するにはできるだけ高温にする必要があります。そして、蒸気タービンを回すためには水の状態図の蒸気圧曲線から運転温度での圧力が決まります。

　高温で高圧の状態では、液体と気体との中間の状態が現れます。水の場合は218気圧で374℃が臨界点であり（第❸話参照）、それを超えると超臨界水がつくられます。火力発電では、218気圧よりも低圧の亜臨界圧（SUB—C）や、少し高圧の超臨界圧（SC）での高温高圧水による発電が行われてきました。日本での主流としては、さらに高温の600℃ほどで圧力250気圧まで高めた超々臨界圧（USC）が利用され、効率は40％以上となっています。

■石炭火力での複合化

　先進的な石炭火力発電としては、石炭の粉末に酸素（または空気）を吹き付けてガス化して1300℃以上で燃焼させる「石炭ガス化複合発電（IGCC）」が用いられます。ガスタービン発電と、その排熱を利用しての蒸気タービン発電との2つを組み合わせたシステムであり（**図中段**）、50％近くの高効率発電ができて、二酸化炭素排出量削減は10〜20％ほどになります。

　以上のIGCCにさらに燃料電池を組み合わせた3重の複合発電方式も開発中であり、「石炭ガス化燃料電池複合発電（IGFC）」と呼ばれています（**図下段**）。石炭のガス化による可燃性ガスの中には水素ガスが含まれており、この水素を用いて燃料電池による発電を行います。燃料電池で反応せずに排出される水素ガスを燃焼してガスタービンを回し、さらにその排熱で蒸気タービンを回します。55％以上の高効率が可能となり、およそ30％の二酸化炭素の削減が可能となります。

石炭ガス化と複合発電による二酸化炭素削減

従来型

ボイラ

蒸気

石炭 → 発電機

蒸気タービン

		効率
亜臨界（SUB-C）	1960年代	38％以下
超臨界（SC）	1980年代	39％
超々臨界（USC）	2000年代	42％

SUB-C: Sub-Critical
SC: Supercritical
USC: Ultra Super Critical

石炭ガス化複合発電（IGCC）

IGCC:Integrated coal Gasification CombinedCycle

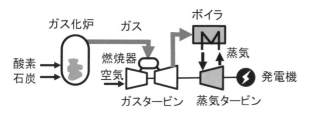

ガス化炉　ガス　ボイラ

酸素
石炭
燃焼器
空気
ガスタービン　蒸気タービン
蒸気
発電機

高温の石炭ガスでガスタービンと、その排熱で蒸気タービンとで複合的にて発電

効率約46％
CO_2約15％削減

石炭ガス化燃料電池複合発電（IGFC）

IGFC Integrated Gasification Fuelcell Cycle

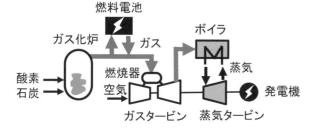

燃料電池

ガス化炉　ガス　ボイラ

酸素
石炭
燃焼器
空気
ガスタービン　蒸気タービン
蒸気
発電機

高温の石炭ガスを利用して燃料電池でも発電

効率55％以上
CO_2約30％削減

要点 石炭火力の低炭素化には、SC（超臨界）やUSC（超々臨界）により蒸気タービン運転の効率向上や、ガス化によるガスタービンと蒸気タービンによる複合化（IGCC）、さらには、IGCCに燃料電池を組み入れた複合発電（IGFC）が進められています。

第30話 石油火力での低炭素化は?

　石油は古代エジプトでミイラの防腐剤、天智天皇の大和の国で「燃ゆる水」として知られていました。現代の日本での一次エネルギー消費の最大がこの石油です。

■石油の特徴と利用状況

　石油の長所は、石炭と比較してエネルギー密度が高く、液体燃料であり輸送も容易で、さまざまな場面で利用可能なことです。一方短所は、二酸化炭素の排出が課題となっていること、政情不安定な中近東の国から輸入しなければならないことです（**上図**）。現在、非在来型石油としてシェールオイルなどが利用されてきており、日本でも採油開発が試みられています。

　日本の一次エネルギーの消費量は 2020 年では 17 エクサジュール（EJ）であり、その構成割合は依然として石油（原油）が最大で 38％です。次いで石炭が 27％で、3 番目が 22％の天然ガスです（**中図**）。ここで、1EJ とは 10 の 18 乗ジュール（J）の意味です。先進国では、ほとんどの国の石油利用が 30％台であり、世界平均でも石油の利用割合がほかのエネルギーに比べて最大の 31％（2020 年度）となっています。一方、石油、石炭、天然ガスなどの化石資源への依存度は日本では 87％（2020 年度）もあり、世界の主要国に比べて高い水準にあります。

■石油火力での低炭素化、脱炭素化

　石油は貴重で高価な資源であり、火力発電に利用するよりも化学製品などの原料などに使われています。実際に、石油火力発電の発電割合は 6％（2020 年度）しかなく、天然ガス（39％）と石炭（31％）が主要な発電用の一次エネルギー源となっています。

　炭化水素化合物は鎖状か環状の分子構造であり、水素と炭素の元素数比はおよそ 2 であり、炭素単体（石炭）が燃えて二酸化炭素が排出されるよりは、水素が燃焼する分だけ石油の燃焼エネルギーに対する二酸化炭素のモル数は少なくなります（**下図**）。ここで、1 モル（mol）とは、その分子がアボガドロ定数（6x10 の23 乗）個だけ集まった量であり、二酸化炭素の場合は 44g が 1mol です。燃焼する炭水化物での水素元素の割合が大きいほど、脱炭素化が容易となります（**下図下段**）。炭素含有量ゼロのアンモニアや炭素含有量の少ないメタノールなどを混ぜて運転（混焼発電）することで、さらなる低炭素化の石油火力が可能となります。アンモニアだけの専焼発電も開発されてきています。

石油火力特徴

| 長所 | ○液体燃料として利用大
○エネルギー密度が大 |

| 短所 | △二酸化炭素の排出中程度
△輸入の多くは政情不安な国から |

日本の一次エネルギー消費

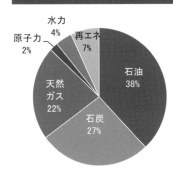

水力 4%
原子力 2%
再エネ 7%
石油 38%
天然ガス 22%
石炭 27%

日本の一次エネルギー（2020年）
消費量の総計　17EJ

$$(EJ＝10^{18}J$$
$$＝2400万t石油換算)$$

炭化水素化合物の構造と燃焼反応

| 炭化水素化合物の構造 |

（図はn=5の例）

C_nH_{2n+2}（鎖状）

CH_3–CH_2–CH_2–CH_2–CH_3

C_nH_{2n}（環状）

CH_2 — CH_2
CH_2 CH_2
CH_2

| 炭素と炭化水素化合物の燃焼反応 |

	燃焼反応　　　（CO_2 1mol =44g）	H/C比	燃焼熱あたりの排出CO_2のモル数
黒鉛	$C + O_2 \rightarrow CO_2 +$ 394kJ/mol	0	2.5×10^{-3}mol/kJ
ベンゼン	$C_6H_6 + (15/2)O_2 \rightarrow 6CO_2 + 3H_2O + 3268$kJ/mol	2	1.8×10^{-3}mol/kJ
ブタン	$C_4H_{10} + (13/2)O_2 \rightarrow 4CO_2 + 5H_2O + 2856$kJ/mol	2.5	1.4×10^{-3}mol/kJ
エタン	$C_2H_6 + (7/2)O_2 \rightarrow 2CO_2 + 3H_2O + 1560$kJ/mol	3	1.3×10^{-3}mol/kJ
メタン	$CH_4 + 2O_2 \rightarrow CO_2 + 2H_2O + 890$kJ/mol	4	1.2×10^{-3}mol/kJ

要点 日本の一次エネルギー消費の4割近くが石油です。石油火力は電力全体の6％に過ぎませんが、化学製品や自動車燃料などで幅広く利用されています。低炭素化は水素と炭素との含有量の比で決まり、メタノールやアンモニアの混焼火力も試みられています。

第4章 カーボンニュートラルの創エネ技術（脱炭素電源開発）

67

第 31 話

天然ガス火力は二酸化炭素排出が少ない?

　天然ガスは一次エネルギー消費では 3 番目ですが、発電エネルギーの割合は最大です。天然ガスは二酸化炭素排出がなぜ少ないかを考えてみましょう。

■天然ガスの特徴と課題

　石油危機以降、石油に代わる主力燃料として天然ガスが注目されてきました。埋蔵量が豊富で、地球温暖化の原因となる二酸化炭素や、酸性雨の原因となる NO_x（ノックス、窒素酸化物）の排出量が石炭、石油に比べて少なく、SO_x（ソックス、硫黄酸化物）が排出されないため注目を浴びてきました（**上図上方**）。実際に都市ガスとしても利用されてきています。日本への貿易にはパイプラインが不向きで、液化が必要であり液化天然ガス（LNG）として輸送されています。

　日本の一次エネルギー消費に占める天然ガスの割合（2020 年度）は、石油、石炭に次いで 3 番目の 22％です。一方、発電エネルギーとしては天然ガスが最大であり、一次エネルギー消費の割合のほぼ 2 倍の 39％となっています。天然ガスは、現在の最大で最重要のエネルギー源となっています。2050 年には再生可能エネルギーがその座を引き継ぐことが期待されています。

■天然ガスでの二酸化炭素排出

　天然ガスは、メタン 85％、エタン 10％を主成分とする文字どおり天然に存在するガスであり、原油生産時に排出される「油田ガス（随伴性ガス）」や、独立して産出される「ガス田ガス（構造性ガス）」があります。精製後の天然ガスは 99％以上がメタンでできています。

　化石燃料での炭化水素の H/C 比（水素と炭素の元素の比率）と単位熱量当たりの二酸化炭素発生量を**下図**に示しました。天然ガスは化石燃料の中で最も H/C 比が高いので、単位熱量当たりの二酸化炭素の発生量が石炭の 6 割しかありません。NO_x も少なく、硫黄成分が含まれてないので SO_x はほぼゼロであり、環境適合性に優れています**上図下方**。

　欧州では再生可能エネルギーを主要エネルギー源とする政策に舵を切っており、現在、電力不足に見舞われる状況が続いています。暫定的な対策として、二酸化炭素の排出の比較的少ない天然ガスの利用が進められています。それにより、天然ガス資源の高騰を招いています。再生可能エネルギーへの急激な転換ではなく、バランスの取れたスムーズな脱炭素化の政策が必要と考えられています。

天然ガスの特徴と課題

天然ガスの長所と問題点

○気体燃料として利用大 ⇒ 都市ガス
○二酸化炭素、NO_Xの排出は比較的少ない
○SO_Xは排出されない（環境にやさしい）
△日本への貿易には液化が必要 ⇒ 液化天然ガス（LNG）

化石燃料の燃焼排出ガス量の比較

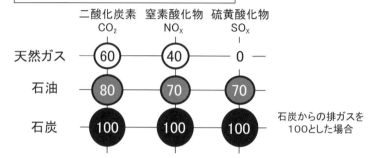

	二酸化炭素 CO_2	窒素酸化物 NO_X	硫黄酸化物 SO_X	
天然ガス	60	40	0	
石油	80	70	70	
石炭	100	100	100	石炭からの排ガスを100とした場合

H/C比と二酸化炭素排出量

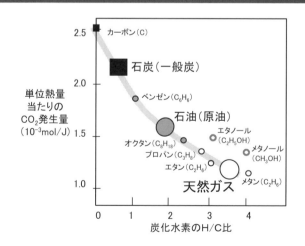

単位熱量当たりのCO_2発生量（10^{-3}mol/J）

- カーボン（C）
- 石炭（一般炭）
- ベンゼン（C_6H_6）
- 石油（原油）
- エタノール（C_2H_5OH）
- オクタン（C_8H_{18}）
- メタノール（CH_3OH）
- プロパン（C_3H_8）
- エタン（C_2H_6）
- 天然ガス
- メタン（C_2H_6）

炭化水素のH/C比

要点 化石燃料の中では、天然ガスは水素含有率が高いので、二酸化炭素排出がもっとも少なくなります。石炭火力での二酸化炭素排出量を100とすると、石油は80、天然ガスは60です。日本へは－160℃ほどで液化したLNG（液化天然ガス）が輸入されます。

第 **32** 話　太陽熱発電と太陽光発電の違いは?

　太陽発電には、熱発電と光発電があります。いずれも発電時には二酸化炭素ガスの排出はありませんが、発電の規模や効率などで、一長一短があります。

■太陽熱発電（熱機関）と太陽光発電（太陽電池）

　太陽熱エネルギーは給湯や暖房など、さまざまに利用できますが、発電に利用するにはやや大規模な設備が必要になります。集熱タワー型の例（**上図上段**）では集熱タワーの周りに多数の平面鏡を円周状に設置し、太陽を追尾して効率よく集光させる反射鏡装置「ヘリオスタット」を設置します。発生する蒸気をタービンに導入して発電を行います。熱機関として発電に利用するので、カルノーの法則で発電効率の上限が定まります。将来的には、熱を利用して水素製造など、天候に左右されないようにエネルギー貯蔵にも適するクリーンシステムの開発が進められています。

　太陽熱発電では蒸気タービンを介して電気を作りますが、太陽光発電システムは太陽の光エネルギーを直接電気エネルギーに変換する発電方式です。太陽光発電の心臓部は物理電池としての「太陽電池」です。太陽電池の最小単位が「セル」であり出力電圧は普通 0.5V ～ 1.0V です。このセルを多数並べて樹脂などで保護してパネルとしての「モジュール」を作ります。さらにこのモジュールを並べて接続した大型パネルが「アレイ」です（**上図下段**）。

■太陽発電の特長と課題

　太陽エネルギー発電にはいろいろな利点があります（**下表**）。化石燃料や核燃料と異なり①クリーンで無尽蔵であること、②発電時には二酸化炭素の排出がないこと、③国産の再生可能エネルギー源であること、④設置場所の選択が容易なこと、⑤光発電では発電規模の選択が自由なこと、⑥長寿命で保守が簡単なこと、⑦設備が簡単で発展途上国での技術導入が容易なこと、などがあります。

　一方、現状での問題点は、①エネルギー密度が低く、大規模発電用には広大な面積必要なこと、②発電単価がまだ高いこと、③天候に左右されやすく利用効率が低いこと（20%以下）、④夜間の発電が困難なこと（熱発電では蓄熱により対応）、⑤効率を上げるには設置地域が限られてしまうこと、などがあげられます。これらの欠点を克服するために、技術開発、補助金政策、環境税設定などのいろいろな試みがなされています。

太陽発電のしくみ

太陽熱発電
（熱機関）

集熱タワー型
分散トラフ型
ディスク型

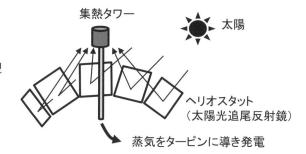

太陽光発電
（太陽電池）

シリコン系
化合物系
有機系

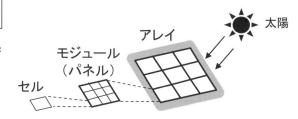

太陽発電の特長と課題

特長

○クリーンで無尽蔵
○発電時のCO_2排出ゼロ
○国産の再生可能エネルギー
○設置場所の選択が容易
○発電規模が自由に選べる（太陽光発電で）
○長寿命で保守が簡単
○設備が簡単 ➡ 発展途上国での普及が容易

課題

△エネルギー密度低い ➡ 広大な面積必要
△発電単価が未だ高い
△天候に左右される ➡ 利用効率低い
△夜間の発電困難（太陽熱発電では蓄熱により発電可能）
△太陽照射の良好な地域が限定（高効率化のために）

要点 太陽発電は、発電時に二酸化炭素排出がなく、クリーンで無尽蔵の再生可能エネルギーです。ただし、エネルギー密度が低く、天候に左右される欠点もあります。システムとしては、熱機関としての太陽熱発電と、太陽電池利用の太陽光発電があります。

第 33 話

太陽光発電は主電源となりえるのか?

　太陽光発電の課題を克服するには、第 1 にモジュールの変換効率を向上させることです。効率向上や特殊用途に見合った太陽電池が開発されてきています

■さまざまな太陽電池

　太陽電池は、シリコン系 (通常型は第 1 世代、薄型は第 2 世代)、化合物系 (第 2 世代、新多接合型は第 3 世代)、そして、有機系など (第 3 世代) に大別できます (**上図**)。

　太陽電池に用いられるシリコンは地中に二酸化ケイ素として多量に存在しますが、太陽電池ではシックス・ナイン以上 (99.9999％以上) の高純度のシリコンが必要であり、高価で品不足です。単結晶シリコンを用いる場合、モジュール変換効率は最大 25％です。多結晶の場合には変換効率が低下しますが、製造価格を低くできるので、現在までの主流となっています。さらに、価格を抑えるには、通常の 100 分の 1 程度の厚さの薄型の微結晶シリコンや非結晶体としてのアモルファスシリコンが用いられています。

　化合物半導体太陽電池では、いくつかの元素を混ぜ合わせてシリコンと同じような半導体を作ります。モジュール変換効率は結晶シリコンよりも劣りますが、耐放射線性が良好なので、人工衛星などに用いられています。

　その他、光合成のしくみを利用した色素と電解質を用いた色素増感型太陽電池 (変換効率は 12％) や、有機薄膜型 (変換効率は 12％近く) があり、カラフルで安価な太陽電池として商品化されています。色素の代わりにペロブスカイト (灰チタン石) と呼ばれる結晶構造を用いたペロブスカイト型太陽電池では 25％以上の高変換効率が得られています。さらに、多接合集光型では 45％近くの効率も達成されています。

■シリコン系太陽電池のしくみ

　最もポピュラーなシリコン系太陽電池のしくみを**下図**に示します。p 型と n 型を接合したシリコン半導体に太陽光を照射すると、負の電気と正の電気が生成され、負の電気は n 型シリコンへ、正の電気は p 型シリコンに分離され、電極に電圧が誘起します。これに電球などの外部負荷を接続すると電流が流れ点灯します (**下図**)。この pn 接合のシリコン半導に反射防止膜をつけた最小の単位が「セル」で出力電圧は普通 0.5V ～ 1.0V です。このセルを多数並べて樹脂などで保護してパネルとしての「モジュール」が作られています。

太陽電池の分類（材料を中心に）

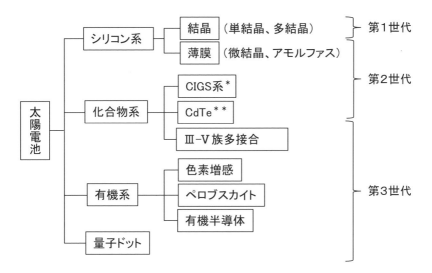

```
                          ┌─ 結晶（単結晶、多結晶）──┐
         ┌─ シリコン系 ──┤                          ├ 第1世代
         │                └─ 薄膜（微結晶、アモルファス）┘
         │
         │                ┌─ CIGS系 *          ┐
太陽     ├─ 化合物系 ────┤  CdTe * *          ├ 第2世代
電池     │                └─ Ⅲ-Ⅴ族多接合      ┘
         │
         │                ┌─ 色素増感          ┐
         ├─ 有機系 ──────┤  ペロブスカイト     ├ 第3世代
         │                └─ 有機半導体         ┘
         │
         └─ 量子ドット
```

＊ ： CIGS系：セレン化銅インジウムガリウム
＊＊： CdTe：テルル化カドミウム

シリコン系太陽電池のセル構造

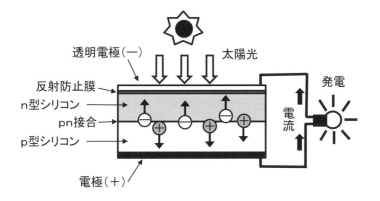

透明電極（一）　　　　太陽光

反射防止膜
n型シリコン
pn接合
p型シリコン

発電

電流

電極（＋）

要点　太陽電池は第1世代の高純度シリコンから、第2世代・第3世代の化合物半導体、色素増感型有機半導体、有機薄膜型などの非シリコン系が開発されてきています。典型的なシリコン太陽電池では、p型とn型の半導体の接合により発電が行われます。

第34話 風力発電の効率は?

　風力は帆船や風車などで古代から使われてきています。風力の源は太陽エネルギーですが、まず、風力発電の特徴や効率について考えてみましょう。

■風力発電の特長と課題

　風力発電は発電時には温室効果ガスの排出がなく、発電コストが比較的安く、国産の自然エネルギー資源として事業化しやすい利点があります。クリーンで有害な廃棄物が出ないこと、無尽蔵で枯渇しないエネルギーであること、小型化が可能なことが特長です。しかし、間欠的エネルギーであり設備利用率が悪く(良くて30%以上)、適地が限定されること、エネルギー密度が希薄で大規模発電が困難であること、などが指摘されています。洋上風力発電ではこれらの欠点が緩和されます(**上図**)。

　風車を設置するための経済的条件は、①年平均の風速が毎秒6m以上であること、②風車の搬送路(道幅5m以上)があること、③近くに送電線(3万から10万V)があること、などがありますが、日本では陸上での適地は限られており、洋上風力発電の開発が進められています。

■ベッツの理論限界則

　風の流れをすべて風車で止めると風車の下流側に風が流れないので風車が回らず、100%の効率を得ることはできません。風量の2/3を風車の回転力に変え、1/3を下流に出すときに風車は最大の運動エネルギーを取り出すことができます(**下図**)。これは、1920年にドイツのアルバート・ベッツにより提唱された「ベッツの理論限界則」です。プロペラ型風車の理想効率はおよそ59%です。

　風車で得られるエネルギーの時間変化(出力パワー)は、風車のロータの回転直径の2乗と風速の3乗とに比例します。例えば、直径100mの大型風車に毎秒10mの風が吹くとき、ベッツ限界則から約3メガワット(MW)の出力が得られます。実際の風車では、ロータ周速と風速との風速比や、風車の形式(3枚羽プロペラ型が主流)に強く依存しています。MWクラスの大型風車では毎秒4m以上の風で発電を始めます。最大出力での運転には「やや強い風(風速毎秒10〜15m)」が必要であり、風速毎秒25m以上の暴風時には、風車を守るために回転を止めます。台風時も運転可能なマグヌス効果(回転物体には流れに垂直な力が働く)を利用したプロペラのない風車も開発・建設されてきています(**コラム4**)。

風力発電の特徴

特長：
○発電時に二酸化炭素が発生しない
○発電時の燃料費が無料
○ほかの再エネに比べて、建設コストが低い（小型のものを除く）
○ほかの再エネに比べて、ランニングコストが低い
課題：
×送電網の整備されていない地域に設置する場合は、新たな送電網が必要
×風車に鳥が衝突するバードストライクなどの自然環境への影響が懸念される
×自然環境に左右されるため設備利用率が低い　（○洋上では風況が良好）
×低周波騒音による健康被害が発生する可能性がある　（○洋上では影響が小さい）
×適地が限定される　（○洋上では制約が少なく、大型風車の導入が比較的容易）
×景観に悪影響を与える場合がある　（○洋上では影響が小さい）

風力発電のエネルギー効率

ベッツの理論限界則

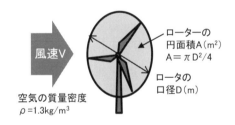

風速V

空気の質量密度
ρ =1.3kg/m^3

ローターの
円面積A(m^2)
A＝ πD^2/4

ロータの
口径D(m)

風車が受ける止める風のパワーP(W)
P=(1/2)MV^2

M(kg/s)は単位時間に風車が
受ける空気の量（ρ AV)
V(m/s)は風速

ベッツの理論限界則

P=(1/2)CMV^2　C≦16/27～0.59
　　　≦　0.30D^{2}V^3

発電出力と比出力

発電出力Pは、風速Vが2倍になれば8倍
直径Dが2倍になれば4倍

比出力（ specific power、P/A)は、直径Dに依存せず、風速Vに依存

陸上　250～300 W/m^2
洋上　350～400 W/m^2(洋上は風が強い)

要点 風力発電の最大効率は、風量の 2/3 を回転に変え、1/3 を下流に出すときのベッツの理論限界則で定まります。発電出力は、風速の 3 乗、ロータ直径の 2 乗に比例します。洋上は風が強いので、比出力の大きな風力発電が可能となります。

第 **35** 話　風力発電は陸上から洋上へ？

　カーボンニュートラルの次世代の再生可能エネルギーとして、太陽光発電とともに洋上風力発電の開発・建設に期待が集まっています。なぜ洋上なのでしょうか？

■洋上風力発電の特徴

　陸から海へと離れて行くほど風はより強くなり、より安定します。洋上では設置場所の制約が少なく、大型風車の導入が比較的容易で、高い設備利用率を期待できます。

　洋上風力発電には、水深およそ50mまでで海底に固定する「着床式」と、それ以上深いところでは大きな浮きに風車を設置する「浮体式」があります（**上図**）。ヨーロッパの洋上風力はほとんどが30m以下の着床式であり、コンクリート製のケーソンと呼ばれる台をベースとする①重力式か、海底に1本のくいを打ち込んで固定する②モノパイル式です。少し深くなると強度を確保するための③ジャケット（格子の梁）方式が用いられています。

　日本は欧州と異なり、潜在的な洋上風力発電資源の8割近くが水深60m以上の海域にあり、浮体式の風力発電の開発が必要となっています。浮体式では、安定性を確保するためのいろいろな方式が提案されています。梁構造物を海面の下に沈めた❶セミサブ（半潜水）式や、浮力の中心よりも重心を低くするバラスト（安定器）をつけた❷スパー（円筒柱）式があります。これらは重力による懸垂曲線（カテリーナ曲線）を利用して浮体をケーブルでつなぎとめています。しっかりとつなぎとめるには❸TLP（張力脚台）式が提案されていますが、荷重が大きくなり開発途上です。大型風車は安定性や回転のバランスなどからブレードは3枚羽が世界的に主流となっています。

■洋上風力の大型化、大容量化

　風力発電の出力をブレード周回円の面積で割った比として「比出力」を定義できますが、これはロータ口径には依存せず、風速のみに依存します。洋上風力では、この比出力を大きくすることができます。

　将来は、200〜300mのロータ口径で、15〜30万kW（10kW）の発電出力の巨大風車が建設できる技術開発が進められています（**下図**）。日本政府での洋上風力の目標は、2030年までに1000万kW、2040年には最大ピーク電力として4500万kWとしています。通常の原発は1基100万kWなので、45基と言えます。

洋上風力のさまざまな方式

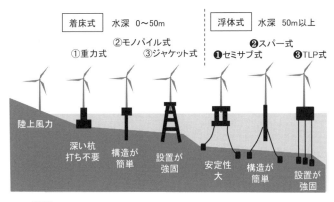

着床式　水深 0～50m　　　浮体式　水深 50m以上

①重力式　②モノパイル式　③ジャケット式　❶セミサブ式　❷スパー式　❸TLP式

陸上風力

深い杭　　構造が　　設置が　　安定性　　構造が　　設置が
打ち不要　簡単　　　強固　　　大　　　　簡単　　　強固

課題
陸上風力：　△設置場所限定　　△低周波騒音　　△景観保全
洋上風力：　△海底送電線整備　△コスト高　　　△漁業権調停

洋上風力発電の大型化

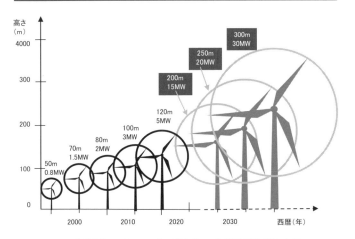

比出力（specific power）＝出力をロータの円面積で割った値
　　陸上　250～300 W/m²
　　洋上　350～400 W/m²

要点　洋上風力は、着床式と浮体式とに分類できます。風車の回転直径が100mの大型風力発電では、3000kWの発電がなされています。300m口径の洋上風力では、10倍の3万kWの発電が期待されています。

第 **36** 話　小水力の利用は？

　水力発電は国産エネルギーとして重宝されてきていましたが、大規模発電の国内の適地はなくなり、小型水力や海洋エネルギーに期待が寄せられてきています。

■水力発電のしくみ

　海の水は太陽の熱で蒸発し、雲を作って雨を降らせます。一部の水は高地に降り注ぎ、6割以上が蒸発・蒸散し、4割弱が川となって海に流れ込みます。そのときの力学エネルギーを発電に利用する方式が水力発電です。この水の循環は太陽エネルギーによるものであり、間接的な太陽エネルギー発電とも言えます（**図中段**）。

■一般水力発電の長所・短所と揚水発電

　水力発電は、昼夜、年間を通じて安定した発電が可能です。エネルギーの変換効率が高く、設備利用率も比較的高く（**図下段**）、出力変動が少なくて系統安定、電力品質に影響を与えません。一般水力の発電単価が低い点も長所です。一方、課題は、大型水力の適地がほとんど開発済みであり、生態系の破壊の問題、水使用の利害権利問題などがあります（**図上段**）。

　揚水発電による蓄エネルギーの活用もなされています。通常は上方の貯水池から下方のダムに水を流して発電しますが、電気が余る夜間に水を上部の池にくみ上げて昼間に発電します。2022年3月末での福島県沖の地震の影響により、初めて「電力需給ひっ迫警報」が東京に出されましたが、揚水発電が危機を救っています。

■小水力（マイクロ水力）発電での脱炭素化

　1950年代は電力使用量も少なく、日本のほとんどの電力は水力でまかなわれていました。しかし、現在は電力使用量もかなり増え、水力の占める割合は揚水発電を含めて8%（2020年度）です。

　現在では、日本には大規模適地がほとんどなく、出力1万kW（10MW）以下の小規模水力発電（マイクロ水力発電）と揚水発電の活用が脱炭素化の再生可能エネルギーとして注目を集めています。

　小水力発電は大型の発電所のような自然への影響が非常に少なく、身近な生活圏で設置が可能です。また、太陽光発電や風力発電と異なり天候に左右されないので、エネルギーの安定供給や身近な地産地消のエネルギーとして注目されています。

水力発電の特徴

水力発電の特徴とマイクロ水力発電の可能性

マイクロ水力（小水力）
発電での脱炭素化

大規模水力発電

○ 発電時は二酸化炭素排出はゼロ
○ 天候に依存しない再生可能エネルギー
○ 国産化エネルギー
○ 発電単価が低い
○ エネルギー効率が高い
○ エネルギー需要に柔軟に対応可能

× 降水量不足で発電停止
× ダム建設の高コストと長期間
× ダムによる生態系への影響
× 適地限定

マイクロ水力発電

= ○ 脱炭素化

= ○ 地産地消
➡ × 高価

➡ ○ 影響小
➡ ○ 発電どこでも
× 水利権問題

水のリサイクル

新エネルギーの利用等の促進に関する特別
措置法施行令

エネルギー源は
地球重力と太陽光

雲　　雨　　風　　雲　　蒸発
山　川　　水力発電所　　海

水力発電の効率

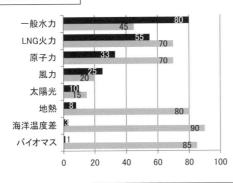

	変換効率(%)	設備利用率(%)
一般水力	80	45
LNG火力	55	70
原子力	33	70
風力	25	20
太陽光	10	15
地熱	8	80
海洋温度差	3	90
バイオマス	11	85

要点 水力発電は、太陽エネルギーによる水の循環サイクルを利用した再生可能エネルギーです。
天候に左右されず、国産でエネルギー効率も高く安価である特徴があります。大型水力の
適地は開発済みであり、脱炭素として小水力（マイクロ水力）の活用が推奨されています。

第 37 話

海洋エネルギーの利用は？

海に囲まれている日本では、海洋のエネルギー利用が有益であり、さまざまな方式が開発されてきています。エネルギー以外の海洋資源の活用も期待されています。

■海洋エネルギーの特徴

海洋の力学的エネルギー利用として、月の引力による「潮汐（潮力）発電」、太陽エネルギーによる温度や気圧の変化に起因する「波浪（波力）発電」や「海流発電」があります。熱エネルギー利用型の「海洋温度差発電」や、化学エネルギー利用型の「塩分濃度差発電」もあり、脱炭素化の自然エネルギーとして期待が集まっています。

枯渇性の資源ですが、海底にある石油、天然ガスも海洋エネルギーに分類することもできます。希少金属などの海底資源や、海水中に含まれるさまざまな元素も重要な資源と考えられています。DT核融合炉の燃料生成用として考えられているリチウムもその1つです。

■海洋エネルギーの利用例

海洋エネルギーの発電利用のいくつかの例を右ページに図示しています。

潮の干満での海水の流れ（潮汐流）を利用した「潮汐発電」（**図上段**）があります。地球と月や太陽との引力エネルギーに起因した自然エネルギー発電であり、貯水池と海水面との落差を利用します。海外ではさまざまな場所で発電がなされてきています。

波浪発電（**図中段**）では、波の上下運動の運動エネルギーを電気に変換する方式です。閉じた空間での空気の振動に変換してタービンを回す「振動水柱型」や、波が堤防を越えて貯留池に海水を入れて流れを利用して発電機を回す「越波固定型」もあります。いかにコストを下げるかが課題となっています。

海洋温度差発電（**図下段**）も、間接的ですが、太陽の熱エネルギーを電気に変換する方式です。表層の海水の温度は、25〜30℃ですが、それに対して、太陽光の届かない500〜1000mの深海の海水温度は5〜10℃です（**図下段右**）。その温度差を利用して発電を行います。クローズドサイクル型ではアンモニアを媒体として、凝縮器、ポンプ、蒸発器を設置して蒸気タービンを回します（**図下段左**）。発電効率の観点からは、年平均で20℃ほどの温度差があれば、カルノー理論効率から予測される発電効率は最大5％になります。

海洋エネルギーの発電利用

潮汐発電

干潮時

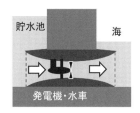

満潮時

波浪発電

振動水柱型

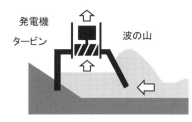

越波固定型

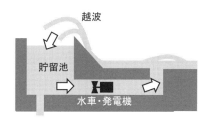

海洋温度差発電

クローズドサイクル型の例

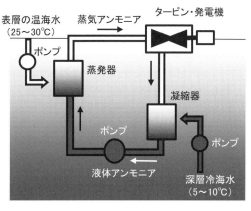

熱帯および亜熱帯での海水温度

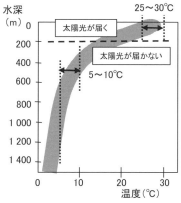

要点 再生可能エネルギーとしての海洋エネルギーの活用も試みられています。干潮と満潮との水位差を利用する潮汐発電、振動水柱や越波のエネルギーを利用する波浪発電や、海面と深海500mほどとの温度差を利用する海洋温度差発電などがあります。

第 38 話

地熱発電の可能性は？

　火山の多い日本に適した国産の脱炭素化エネルギー源として地熱発電があります。カーボンニュートラルに向けての新しい開発に期待が寄せられています。

■地熱発電のしくみ

　地熱発電では、地下のマグマの熱エネルギーを利用して発電を行います。地上で降った雨は、地下の高温マグマ層まで浸透すると、マグマの熱で蒸気になって地下数 km 付近に溜まります。この高温の蒸気を取り出し、タービンを回すことで発電するのが一般的な「熱水発電」です。地熱発電用のタービンを回す方法には、地下の高温の熱水や蒸気を直接利用する「フラッシュ方式」と、低温の熱水と沸点の低い別の流体とを熱交換さる「バイナリ方式」があります（**上図**）。

　この熱水発電のほかに、天然の熱水が少ない場合に水を注入して発電する「高温岩体発電」や、マグマだまりの高熱を利用する「マグマ発電」も開発が進められています。

■地熱発電の特長と課題

　地熱発電の特長は二酸化炭素をほとんど出さない再生可能エネルギーであり、太陽光発電と異なり、昼夜問わず安定な発電を続けられることです。環太平洋火山帯に位置する日本の地熱資源量は原子力発電所 23 基分にあたる 2300 万 kW 分があり、米国、インドネシアに次いで世界 3 位の規模です。ただし、現状の利用は国内電源の 1％にも満ちません。

　課題は、地熱発電に適した場所は、国立公園などの風光明媚な場所が多く、電源開発が規制されてしまうことです。温泉の成分変化や湯の枯渇への影響も危惧されています。2050 年のゼロカーボンに向けて、地熱発電開発業者と地元の温泉組合との補償交渉も進められてきています。

■地熱発電と CCUS との組み合わせ

　地熱発電では二酸化炭素は排出されませんが、さらに積極的に二酸化炭素削減のために、地熱発電と CCUS とを組み合わせて利用する開発が進められています（**下図**）。熱水がない場合でも、リサイクルされた二酸化炭素を圧入して熱回収して発電する方式です。圧入された二酸化炭素の一部は、地熱貯留層中に炭酸塩鉱物などとして固定されるため、カーボンニュートラルへの貢献も期待できることになります。

地熱発電の種類と特徴

種類	熱水発電（フラッシュ方式、バイナリ方式） 高温岩体発電 マグマ発電

特徴	○天候に依存しない再生可能エネルギー ○国産化エネルギー ×大量の熱水使用で、温泉枯渇の危機 ×国立公園内などで開発困難

地熱発電と脱炭素化

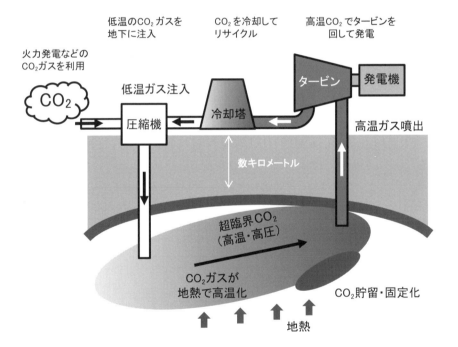

要点 地熱発電は、火山国である日本に適した発電ですが、国内電源の1%にも満ちません。カーボンニュートラルとして、地熱発電とCCUS（二酸化炭素回収・利用・貯蔵）との組み合わせの技術開発が進められています。

第 **39** 話 バイオ発電は?

　バイオマスとはバイオ（生物）をマス（質量、かたまり）としてとらえる概念であり、有機物で構成されている生物をエネルギー・原材料・食料などの資源と考えて利用します。

■バイオマスとカーボンニュートラル

　バイオマスとしての植物は光合成で太陽エネルギーを体内に貯蔵させています。動物の排泄物や遺骸も生物起源物質としてバイオマスと呼ばれています。化石燃料も生物起源物質ですが、再生可能ではないのでバイオマスとは呼ばれません。

　バイオマスを燃やせば二酸化炭素が出ますが、植物などのバイオマスは、もともと大気中にあった二酸化炭素を「光合成」により体内に固定化しています。バイオマスを燃焼させてエネルギーを利用することにより、再び大気中に二酸化炭素が放出されます。利用した分を植林で補えば、大気中の二酸化炭素濃度のバランスを保ち、カーボンニュートラルが実現できます（**上図上段**）。

　二酸化炭素と水から植物の葉緑体での光合成でグルコース（ブドウ糖）と酸素が作られ、逆の反応として有機物の燃焼反応で二酸化炭素が排出されます（**上図下段**）。光合成の効率（太陽エネルギーに対するブドウ糖エネルギー生成率）は理論的には8%といわれています。

　バイオマスの燃焼と植林とで、二酸化炭素のリサイクルが行われ、カーボンニュートラルが達成できると考えられますが、廃材などを用いるバイオマスと異なり、原生林伐採からの森林バイオマス（木質バイオマス）の場合には、環境破壊につながり、再生可能とは呼べないとの指摘もあります。

■バイオ燃料

　バイオマスは、燃焼させることで発電や熱利用のエネルギー源として利用できます。燃料として固体、液体、または、気体に変化させて利用されます（**下図**）。

　木質系固体燃料は、木くずや廃材から作ることができます。産業革命以前の主なエネルギー源であった薪や木炭もバイオ固体燃料です。バイオ液体燃料としては、さとうきびからメタノールなどを作ることができ、自動車の燃料として利用されています。家畜の糞尿などからは、微生物による発効からメタンガスを多く含むバイオガスなどの気体燃料を作ることができます。

バイオ燃料によるカーボンニュートラル

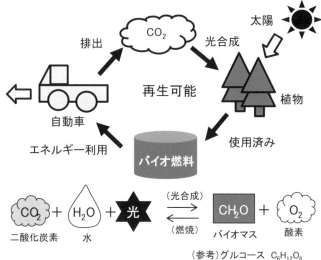

太陽

排出　CO₂　光合成

再生可能

自動車　植物

エネルギー利用　使用済み

バイオ燃料

$$CO_2 + H_2O + 光 \underset{(燃焼)}{\overset{(光合成)}{\rightleftharpoons}} CH_2O + O_2$$

二酸化炭素　水　光　バイオマス　酸素

（参考）グルコース $C_6H_{12}O_6$

バイオマスの特徴とバイオ燃料

特徴	○二酸化炭素増加を抑制 ○廃棄物再利用 ○固体・液体・気体として、運搬・保存が可能 ×小規模、資源散在でコスト高

固体燃料	薪、木炭など	固体のままで 燃焼として利用可能
液体燃料	メタノール燃料	アルコール発酵で、 自動車の燃料として利用可能
気体燃料	メタン発酵	家畜の糞尿などの発酵により ガス燃料として利用可能

要点　二酸化炭素と水と太陽の光で、植物内部でバイオマスが合成されます。バイオ燃料は固体、液体、気体の形態が可能であり、バイオ燃料で排出される二酸化炭素は植物で吸収されるので、再生可能なサイクルがつくられます。

第4章　カーボンニュートラルの創エネ技術（脱炭素電源開発）

85

第 40 話

在来原子炉の構成は？

福島第一の原子力発電所（原発）は沸騰水型軽水炉（BWR）ですが、原子炉の構造はどのようになっており、どのような炉型に分類できるのでしょうか？

■原子炉の分類

核分裂反応では、ウランなどの核燃料に中性子が衝突して新しく中性子が生成されて連鎖反応が継続します。中性子による連鎖反応は、ウランではエネルギーの低い中性子（熱中性子）による反応が最も起こりやすく、生成された中性子の速度を下げるための減速材が必要となります。

核反応の原理に基づき、原子炉を燃料や冷却・減速材から分類されます（**上図**）。ウランを燃料とする熱中性子炉（熱炉）と、プルトニウムを燃料とする高速中性子炉（高速炉）があり、プルトニウムを一部含んだMOX燃料を用いるプルサーマル炉もあります。冷却材としては、軽水（普通の水）炉としての沸騰水型のBWRと加圧水型のPWRがあります。ヘリウムガスは高温ガス炉で、液体金属は高速増殖炉で利用されます。

軽水炉では、出力制御用の制御棒、非常用炉心冷却装置（ECCS）と5つの壁（多重防護）で守られてきました。ウラン燃料はペレットとして焼結し、ジルコニウム製の被覆管で燃料集合体をつくります。第3の壁がステンレス鋼製の圧力容器、第4が格納容器、そして、第5の壁として原子炉建屋で守られています。福島第一の原発事故では、津波による電源喪失によりこの多重防護が十分に機能しませんでした。安全性を高めて、経済性を向上させた新型炉の開発もなされ、さらなる技術開発が期待されています。

■さまざまな原子炉の開発

原子炉は発電以外に熱の供給や水素製造用に利用できます。特に、カーボンニュートラルのための原子炉による発電と水素製造に期待が高まっています。医療用の放射線源としてや、原潜やロケットなどの推進動力としても使われています（**下図**）。

原子炉の開発は、実験炉から技術的実証の原型炉、経済性・安全性実証の実証炉、そして商用化の実用炉として計画が進められてきました。BWRやPWRの軽水発電炉は実用炉として確立されてきましたが、高速増殖炉は日本では原型炉「もんじゅ」でストップしています。核融合炉では、実験炉「イーター（ITER）」が国際協力によりフランスで建設中です。

原子炉の構成と分類

加圧水型原子炉（PWR）のイメージ図

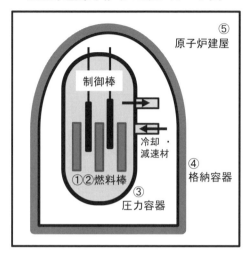

⑤
原子炉建屋

制御棒

冷却・
減速材

①②燃料棒

④
格納容器

③
圧力容器

● 燃料による分類
　　ウラン（熱炉）（BWR、PWR）
　　トリウム
　　MOX燃料（プルサーマル炉）
　　プルトニウム（高速炉）

● 冷却材による分類
　　軽水（BWR、PWR）
　　重水
　　ヘリウムガス（高温ガス炉）
　　液体金属（高速増殖炉）

5重の壁
①ペレット（直径と高さ1cmの焼結円柱）
②被覆管（ジルコニウム製）
　　①②で燃料棒（数m）
③圧力容器（20cmの鉄鋼製）
④格納容器（3cmの鉄鋼
　　　　　　3mのコンクリート）＋
⑤原子炉建屋

原子炉の用途と開発

用途
　　発電用
　　熱電併給用
　　水素製造用
　　放射線利用（材料試験用、医療用）
　　推進用（原潜、ロケット）

開発段階
　　実験炉、試験炉（原理実証）　－－　核融合炉「ITER」
　　原型炉（技術実証）　　　　　－－　高速増殖炉「もんじゅ」
　　実証炉（経済性、安全性）
　　実用炉　　　　　　　　　　　－－　商用軽水炉

要点 原子炉は燃料や冷却材の違いで分類されています。商用軽水発電炉には沸騰水型のBWRと加圧水型のPWRがあり、5重の壁で守られていました。発電以外に水素製造、放射線利用、推進エンジンなどの多目的利用が可能です。

第41話 在来原子炉の改良はどうする?

原子力発電所の事故を踏まえて、熱中性子利用の原子炉はどのように改良されているのでしょうか? また、高速中性子炉(高速炉)はどうなっているのでしょうか?

■原子炉の世代と改良

原子炉の最初の臨界実験は1942年にシカゴ大学のフットボールスタジアムの下で黒鉛ブロックを積み上げて行われました。それ以降、第1〜第2世代の原子炉が設計・建設されました。日本での商用炉は、冷却材・減速材として沸騰水を用いるBWRと、水を加圧して300℃以上の液体として利用するPWR(加圧水型軽水炉)があります。事故のあった福島第一のBWRは第2世代原子炉ですが、現在の主流の原子炉は第3世代です(**上表**)。大型化による経済性向上や安全性向上を目指したABWR(改良型BWR)やAPWR(改良型PWR)の開発・建設が行われてきています。カーボンニュートラルを目指す安全で小型・モジュラー化の次世代原子炉は第4世代と呼ばれています。

以上の熱中性子炉のほかに高速中性子炉や燃料の増殖を行う高速増殖炉もあります。

■プルサーマルと高速炉開発

軽水炉で使用した燃料を再処理して得られたプルトニウムをウランと混合すると、既存の軽水炉でもう一度燃料として利用することができます。このように軽水炉でプルトニウムを利用することを「プルサーマル」と呼んでいます。このウラン・プルトニウム混合酸化物燃料(MOX燃料)は日本では新型転換原型炉「ふげん」で実証試験がなされ、高浜発電所などで利用されてきています。

天然ウランではウラン235は0.7%で残りの99.3%は燃えにくいウラン238です(**下図**)。通常の軽水炉ではウラン235を3〜5%に濃縮した核燃料を使いますが、プルサーマルで用いるMOX燃料はプルトニウムを4〜9%混合したものであり、ウラン燃料の4分の1から3分の1をMOX燃料に替えて運転する方式です。

ウラン燃料でも、発電中にその一部(約2%)のウラン238が中性子を吸収してプルトニウムに変化して燃えており、このプルトニウムによる発電量は全体の約3割になり、残り7割がウラン235による発電です。高速増殖炉でもMOX燃料が用いられますが、プルトニウム富化度(プルトニウムの重量割合)は18%ほどです。

原子炉（熱中性子炉）の改良

第1世代　1950〜　（1942年に臨界実験）
　　　　　日本では動力試験炉など

第2世代　1970年代〜　（1979年スリーマイル島原発事故）
（一部運転中）　　　　（1986年チェルノブイリ原発事故）
　　　　　　　　　　　（2011年福島第一原発事故）
　　　　　BWR、PWR、CANDU 炉など
　　　　　設計寿命が30年から40年

第3世代　1990年代〜
（運転中）　改良型ABWR（米国GE）、APWR（三菱重工）など
　　　　　当初設計では寿命60年

第4世代　2030年代〜
（次世代炉）　高温ガス炉、SMRなど　現在研究開発中

プルサーマルと高速炉開発

| 燃料 | （熱炉）ウラン（＊）、トリウム
（プルサーマル炉）MOX燃料
（高速炉）プルトニウム |

| 冷却材 | （熱炉）軽水（＊）、重水、ヘリウムガス
（高速炉）液体金属 |

| 減速材 | （熱炉）軽水（＊）、重水、黒鉛 |

| 増殖材 | （高速増殖炉）劣化ウラン |

＊：一般の商用炉

燃料の成分構成

プルサーマル炉では、
プルトニウム富化度は平均6%

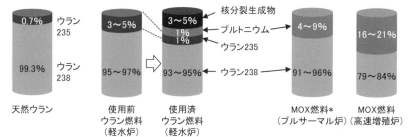

核分裂生成物
プルトニウム
ウラン235
ウラン238

| 0.7% | ウラン235 | | |
| 99.3% | ウラン238 | | |

天然ウラン　使用前ウラン燃料（軽水炉）　使用済ウラン燃料（軽水炉）　MOX燃料＊（プルサーマル炉）　MOX燃料（高速増殖炉）

プルサーマル　（Plutonium Use in Thermal Neutron Reactor）
MOX燃料　（Mixed Oxide Fuel、ウラン・プルトニウム混合酸化物燃料）

要点　現在、主に稼働している原子炉は熱中性子炉の第3世代です。この軽水炉の運転でもプルトニウムが生成され、燃焼しています。高速中性子炉の場合には、プルトニウム富化度（重量割合）は18%ほどですが、プルサーマル炉では6%ほどで運転されています。

第**42**話　高温ガス炉は安全か?

　高温ガス炉は安全性が高いといわれていますが、どのようなしくみでしょうか?
水素製造など、カーボンニュートラルに合致する原子炉です。

■高温ガス炉の特徴と安全性

　高温ガス炉は「次世代原子炉」と呼ばれていますが、1960 〜 80 年代に開発が
進められてきた歴史ある炉型です。大型の軽水炉の高効率化や経済性に押されて、
開発が停滞してきました。炉心の安全性が重要視されてきた現在、再び注目を浴び
ています。

　従来型の原子炉では、冷却材としての水が事故でなくなってしまうと、燃料棒が
高温になってしまい、福島の原発事故のように燃料が溶融してメルトダウン(炉心
溶融)が起きてしまいますが、高温ガス炉では、炉内構造物として熱容量の大きな
炭素が使われており、冷却材としてのヘリウムガスが喪失しても燃料溶融事故に
ならず安全です(**上表**)。その場合の残留熱や崩壊熱は、自然の放熱(伝導、放射、
対流)により除去されます。

　核燃料の被覆も、高温に耐えるセラミックス(炭化ケイ素)で 4 重に覆われて
おり、1600℃以下であれば核分裂生成物の閉じ込めが良好です。事故時もこの温
度を超えないように熱出力を 20 万 kW ほどの小型に抑える設計となっています。
通常の軽水炉では被覆管のジルコニウムと水との反応で水素が発生して水素爆発の
事故につながる危険性がありました。化学的に不活性なヘリウムガスを冷却材とし
て使う高温ガス炉では、1000℃ほどの高温でも安全に熱を取り出すことができま
す。

　高温ガス炉などの小型原子炉は、建設費を削減でき、立地選択も容易となるので
期待が集まっています。ただし、小型なので発電単価が高くなるおそれがあります。

■高温ガス炉のしくみと多目的利用

　高温ガス炉が注目されているのは、安全性向上のほかに高温のガスにより発電と
同時に水素製造が期待できるからです。高温ガス炉の多目的の概念図を**下図**に示し
ます。炉心からは 1000℃近くの 1 次ヘリウムガスが得られ、その高温の熱エネ
ルギーは熱交換して 2 次ヘリウムガスにより水素製造や化学コンビナートなどに
用いられます。さらに、高温ヘリウムによりタービンを回して発電して、その後の
低温ヘリウムの熱は地域暖房や海水の淡水化などに利用できます。

高温ガス炉の特徴

| 燃料 | 耐久温度が高い
4重被覆により核分裂生成物（FP）の閉じ込め性能が良い |

| 炉心 | 耐久温度が高い
温度変化が緩やか（黒鉛の熱容量大） |

| 冷却材 | 相変化がなし（ヘリウムガス）
構造材（黒鉛）との化学反応がほとんどない |

| 安全性 | 事故時の炉心溶融の可能性がない
事故時の住民避難が不要
減圧事故時の崩壊熱や残留熱の除去が間接冷却系で可能
通常メンテナンス時や事故時の作業員被ばくが少ない |

高温ガス炉の多目的利用のしくみ

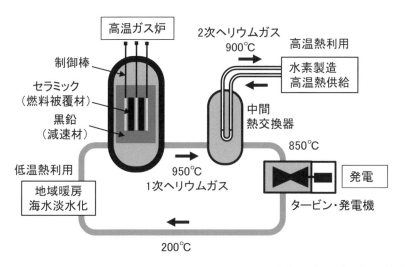

高温ガス炉

制御棒

セラミック（燃料被覆材）

黒鉛（減速材）

2次ヘリウムガス 900℃　高温熱利用

水素製造 高温熱供給

中間熱交換器

850℃

発電

950℃ 1次ヘリウムガス

タービン・発電機

低温熱利用

地域暖房 海水淡水化

200℃

出典：日本原子力研究開発機構
ホームページの資料より著者作成

> **要点** 高温ガス炉では燃料が4重被覆されており周りの構造物の熱容量も大きく、冷却材喪失時でもメルトダウン（炉心溶融）は起こらず、自然放熱がなされます。高温ガス炉は発電のほかに水素製造や地域暖房などの多目的利用が考えられています。

　従来の原子炉の問題点としては安全性と多数建設の困難さがあり、それを克服する設計・製作として、原子炉の小型化・モジュール化が進められてきています。

■小型モジュール炉（SMR）

　2021年秋の自民党総裁選挙において、高市早苗前総務相と岸田文雄前政調会長からは、「再エネの一本打法では対応できない」として、MR（SMR）としての小型原発の建設や地上の太陽としての核融合炉の研究開発が話題に上がりました。

　従来の原子炉とSMRとの比較を**上表**にまとめました。通常の原発は電気出力が100万kWで、原子炉格納容器は30〜50mほどですが、SMRでは30万kW以下で20mほどに小型化された原子炉です。モジュール化されていて増設しやすく、建設コストの削減も可能です。福島第一原発事故のような過酷な事故でも、小型化により自動で安全に停止が可能とされています。

　現在、さまざまな小型化炉の開発が行われていますが、米国のニュースケール社のSMRが注目されています（**下図**）。このSMRは2011年の福島原発事故のリスクを低減させることを基本として設計・開発がなされてきています。1モジュールとしての原子炉格納容器は高さ20m余りで、出力は8万kW近くです。12基並べて運転することで、従来の100万kW近くの原子炉になります。

■安全性と経済性

　モジュールの小型化で工場での製作が可能で、増設も容易となり建設コスト削減が期待できます。福島第一原発では、非常用電源などが津波で喪失し、冷却機能が失われて、メルトダウン（炉心溶融）が起きてしまいました。SMRでは出力が小さい格納容器ごとにプールに入れて運転するので、事故が起きた場合、非常用電源や追加の冷却水がなくても、炉心を自然に冷やして安全に停止させられる受動的安全設計としています。ニュースケール・パワー社のSMRは2029年に運転開始が予定されています。

　SMRにも課題があります。日本国内での規制基準に適合できるかは不透明です。また、建設期間や建設コストの低減化は期待できますが、出力が小さいので、発電単価を低く抑えることができるかも不明です。何よりも、安全性に対する国民の理解が得られる取組みが必要となります。

SMRの特徴と炉心の例

SMR : Small Modular Reactor

	従来の原子炉	小型モジュール炉（SMR）
出力規模	～100万kW	30万kW
格納容器	高さ30～50m 直径10～30m	高さ20m 直径5m（モジュール）（＊）
建設コスト	数千億～1兆円	3～4000億円（初号機）（＊）
安全設計	能動的炉心冷却 非常用電源の多重化	受動的炉心冷却
課題	安全性への懸念	実績が乏しい

（＊）ニュースケール・パワーの
5万kW12モジュールの場合

SMRの例　（米国ニュースケール社）

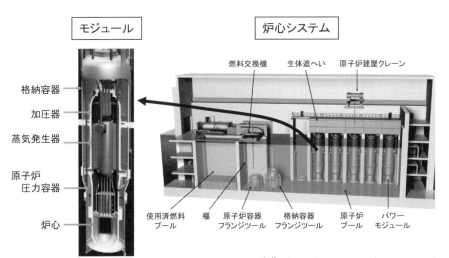

モジュール

炉心システム

燃料交換機　生体遮へい　原子炉建屋クレーン

格納容器
加圧器
蒸気発生器
原子炉
圧力容器
炉心

使用済燃料　框　原子炉容器　格納容器　原子炉　パワー
プール　　　　　フランジツール　フランジツール　プール　モジュール

出典：https://www.nuscalepower.com/

> **要点**　新型原子炉としてのSMR（小型モジュール炉）では、過酷事故時でも従来型のような能動的な緊急停止法ではなく、自動で安全に停止するような小出力の炉設計となっています。モジュラー化もなされていて、建設コストの削減や増設の利便性にも配慮されています。

第 44 話

核燃料サイクルはどうする？

　日本では 1966 年から商用原子力発電所が稼働されていますが、安全性と同時に、放射性廃棄物処理の課題が指摘されてきています。

■核燃料サイクルのしくみと MOX 燃料

　原子力発電で使い終えた燃料（使用済燃料）は、プルトニウムやウランの取り出し（再処理）を行い、MOX 燃料（混合酸化物燃料）に加工して利用するという核燃料のサイクルが可能となります（**上図**）。プルサーマル用の MOX 燃料とは、使用済み燃料に 1％ほど含まれているプルトニウム 239 を再処理により取り出し、二酸化プルトニウムをつくり、二酸化ウランとを混合して、プルトニウムの濃度（プルトニウム富化度）を 6％ほどにした燃料です。残りの 90％以上には、天然ウランよりもウラン 235 の少ない「劣化ウラン」を使用します。高速増殖炉用 MOX 燃料にはプルトニウム富化度は 20％ほどです。

　高速増殖炉では、消費した燃料以上の核燃料を利用できる可能性がありますが、日本では原型炉「もんじゅ」の廃炉に伴って、現状では高速炉サイクルが中断しています。

■高レベル放射性廃棄物の最終処分

　高レベル放射性廃棄物は原子炉の使用済み燃料を硝酸で溶解して再処理してウランとプルトニウムを抽出しますが、そのとき核反応生成物を含む廃棄物が排出されます。この高レベル放射性物質では発熱に留意する必要があります。これをホウケイ酸ガラスに固化してステンレス鋼の容器に入れ 30 〜 50 年ほど冷却のために貯蔵して、その後に、地下 300m 以上の深さの安定な地層岩盤中に深地層処分を行う計画です（**下図**）。数千年以上にわたって放射性核種が人間の生活圏に出てこないように、岩盤・地質環境による「天然バリア」と、ガラス固化（直径 40cm、高さ約 1.3m）・炭素鋼容器（厚さ約 20cm）・粘土緩衝材（厚さ 70cm）による「人工バリア」とを含めた「多重バリア」の技術開発が行われています。

　この最終地層処分計画は、フィンランドで施設が建設中であり、2025 年に稼働予定です。スウェーデンでも 2022 年 1 月に承認され、2030 年代に稼働目標です（**下図右**）。日本では北海道の 2 町村で文献調査中（第 1 段階）であり、第 2 段階はボーリングによる概要調査、第 3 段階は地下施設での精密調査の計画であり、原子力発電環境整備機構（NUMO）により事業が推進されています。

核燃料サイクルのしくみ

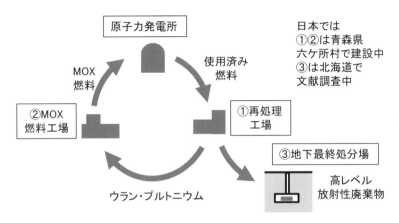

原子力発電所

MOX燃料

使用済み燃料

②MOX燃料工場

①再処理工場

③地下最終処分場

高レベル放射性廃棄物

ウラン・プルトニウム

日本では
①②は青森県
六ケ所村で建設中
③は北海道で
文献調査中

MOX燃料 （Mixed Oxide Fuel、ウラン・プルトニウム混合酸化物燃料）

第4章　カーボンニュートラルの創エネ技術（脱炭素電源開発）

高レベル放射性廃棄物の処分

ガラス固化体の放射強度の変化

（両対数グラフ）

燃料取り出し

再処理・ガラス固化

地層処分

1000年で99.9%以上減衰

燃料1トンの放射能の量（ギガベクレル）

100億
1億
100万
1万
100

発電
使用済燃料貯蔵
ガラス固化体貯蔵
地層処分

ウラン鉱石のレベル

1　10　100　1000　1万　10万　100万
燃料装荷後の経過（年）

最終処分場の計画

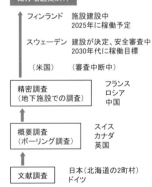

処分場選定済み

フィンランド　施設建設中
2025年に稼働予定

スウェーデン　建設が決定、安全審査中
2030年代に稼働目標

（米国）　（審査中断中）

精密調査
（地下施設での調査）

フランス
ロシア
中国

概要調査
（ボーリング調査）

スイス
カナダ
英国

文献調査

日本（北海道の2町村）
ドイツ

出典：原子力発電環境整備機構（NUMO）のホームページの資料より作成

要点 使用済み核燃料は、一部再処理してMOX（混合酸化物）燃料として使用可能です。リサイクル不可能な高レベル放射性廃棄物は、ガラス固化して地層処分による1000年以上の長期保存が必要です。処分場の選定は、日本では文献調査の段階です。

第45話 未利用エネルギーの環境発電は?

　環境にあふれているエネルギーの利用は重要です。特に、IoT（モノのインターネット）機器の微小な電力にも膨大な数と使いやすさの点から、環境発電機器が有効です。

■環境発電（エネルギーハーベスト）技術

　自然エネルギー利用には系統電力としての大規模な開発が進められています。一方、身の回りの微小な未利用エネルギーを使った自給自足の発電も注目されています。これが「環境発電」です。

　系統発電はキロワット（kW）からメガワット（MW = 1000kW）級の大規模ですが、環境発電はマイクロワット（μW = 100万分の1W）からワット（W）程度の小規模発電です。環境発電は発電容量が小さくて単位発電量当たりの電力料金はかなり高くなってしまうので、環境発電を有効に利用するためのいくつかの条件があります。①近くに系統電源がないこと（海上や過疎地など）、②運動する物体で配線が困難なこと、③微小な電力でまかなえること（間欠的な利用や消費電力の少ない機器利用など）、④コスト的に設置作業や配線作業をなくしたいとき（長距離に及ぶ高速道路の監視など）、⑤危険回避のため機器の保守点検をなくしたいとき（火山観測など）、などがあります。電池を用いれば配線は不要となりますが、使用済み電池の廃棄をなくし、環境に優しくSDGs時代にマッチした技術です（**上図**）。

■いろいろな環境発電事例

　身近な微小エネルギー利用の環境発電でも、さまざまなエネルギー源とその変換機器が利用されます。人体の運動や構造物の振動・変形による力学（機械）エネルギー、体温や工場排熱からの熱エネルギー、屋外太陽光や室内照明からの光エネルギーが利用されます。電波などの高周波電磁波エネルギーや、人体内や微生物での生物エネルギーなども、環境発電のエネルギー源として利用されます（**下図**）。

　振動や回転の力学エネルギーは圧電（ピエゾ）素子や電磁誘導素子により電気エネルギーに変換され、音や水の流れは音響素子や羽根車により発電に利用できます。熱エネルギーは、温度差を利用して熱電素子などにより環境発電を行います。光エネルギーは、屋内での弱い照明でも発電可能な光電池を利用します。小型レクテナ（アンテナと整流器の組合わせ機器）を利用した電波発電も行われます。さらに、生物エネルギー発電では、微生物触媒による燃料電池の開発も進められています。

環境発電の特徴

| 特長 | 動作時には二酸化炭素排出ゼロ
SDGsに合った発電 |

「環境」にやさしい「発電」
未利用の微小エネルギー
地産地消のエネルギー
自給自足の電源システム

| 課題 | 高コストだが付加価値大
システムコストの低減必要 |

環境発電のさまざまな例

環境発電の種類	エネルギー変換機器	具体的事例	
振動発電	圧電（ピエゾ）素子、 電磁誘導素子	歩行床発電、発電靴、 スイッチ発電	
水流発電	羽根車	自動水栓	
熱電発電 （温度差）	熱電素子	発電鍋、腕時計、 心臓ペースメーカー	
光発電 （太陽光、照明）	光電池	電卓、腕時計、無線マウス、 発電ゴミ箱、火山観測装置	
電波発電	レクテナ （整流器付アンテナ）	鉱石ラジオ、 環境温湿度観測	
バイオ発電	微生物燃料電池	田んぼ発電、 尿発電	

要点 環境発電は身の回りの未利用の微小エネルギーによる発電であり、歩行床での振動発電、
自動水栓の水流発電、発電鍋の熱電発電、腕時計の光発電、田んぼでのバイオ発電などが
あります。特に、膨大な数の IoT 機器の自給電源として期待されています。

　古くから恐ろしいものとして「地震、雷、火事、親父」と言われてきました。親父は現代では怖くないかもしれませんが、台風の意味の「大山嵐（おおやまじ）」が転じたものとも言われています。これらの自然災害の膨大なエネルギーの一部を利用する方法が検討されてきています。

　典型的な自然災害エネルギーの例として、800 億 t 総雨量の大型台風（200EJ ＝ 2x10^{20}J）、マグニチュード 9 の東日本大震災（2EJ）、1938 年浅間山噴火（1PJ ＝ 2x10^{15}J）、雷（10GJ ＝ 2x10^{10}J）ですが、利用しようとすると、位置と時間の予測が困難であり、定常利用が不可能な点があり、工夫が必要です。実際の発電の可能性として、台風発電と雷発電があります。

　通常の 2 枚または 3 枚のプロペラ型風力発電では、秒速 25m を超える暴風のときにはプロペラの破壊を防ぐために運転を止める必要があります。台風発電は、風の向きに依存しない垂直軸型でのマグナス効果を用いた風力発電です（**左図**）。マグヌス効果とは、野球や卓球、サッカーなどで、球を放出するときに回転を加えると、曲がったりあるいは浮き上がったりする現象です。プロペラ型に比べて、強風での安全性、低コスト、静音化が可能となります。10kW の試験機も完成しており、台風の多い地域での災害時の発電に役立つかもしれません。

　もう 1 つの雷発電では、落雷の場所を固定するにはレーザー誘雷技術を用いることができますが、瞬時の大電力の蓄電は不可能です。1 回の典型的な落雷は、1 億 V で 10 万 A、1 ミリ秒の落雷で、100 億 J のエネルギーとなります。仮に 1 日 1 回の雷発電ができるとすると、一般家庭 1 戸当たりの 1 年間ほどの電力となります。東京スカイツリーでは、平均年 10 回ほどの落雷が観測されています。これでは、落雷の地点、時間の予測とコストとから現実的ではありません。一方、雷雲を利用して数百ボルトの低圧での大気電流により静電的に蓄電する方法（**右図**）も開発されてきており、将来可能となるかもしれません。

強風

台風発電

電離層 ⊕

雷電流
（電圧数万V以上）

大気電流
（電圧数百V以下）

⊕ — 蓄電　地上 ⊖

大気電流発電（雷雲蓄電）

第5章

カーボンニュートラルの省エネ技術（脱炭素製品開発）

エネルギーの需要と供給に関連して、産業、運輸、家庭、業務などの部門での脱炭素化の試みを解説します。特に、産業部門では製鉄とセメント製造、運輸部門では自動車と飛行機、家庭部門ではZEH、そして、業務部門では情報システムの省エネ化をまとめます。

第 **46** 話　エネルギーの供給と消費は?

　カーボンニュートラルのためには、エネルギーの供給から消費への流れの中で、二酸化炭素排出量が大きい部門を明らかにして、脱炭素化の対策を考える必要があります。

■海外からの燃料供給とエネルギー消費

　2020年度の日本での一次エネルギーの総量は19エクサジュール（EJ）であり（**上図**）、この8割以上が石炭、石油、天然ガスの化石燃料で供給されており、ほとんどが海外からの輸入に頼っています。再生可能エネルギーは現状では1割強です。これらのエネルギーから電力がつくられ、発電・送電のためのエネルギー（7EJ）を差し引いて、国内の最終エネルギー消費は12EJとなります。部門別の割合は、産業部門が45％であり、運輸部門が22％、民生（家庭と業務ほか）部門は33％となっています。

■部門別の温室効果ガス排出量

　このエネルギーの流れに関連して、排出される二酸化炭素の量を電気や熱の配分前と後での部門別での割合を**下図**に示しました。非エネルギー起源の二酸化炭素は「工業プロセス及び製品の使用」と「焼却などによる廃棄物」との合計であり7％、残りの93％がエネルギー起源です。

　配分前として示された図では、発電所や製油所での「エネルギー転換部門」による排出が4割近くを占めています。この排出量の一部を関連の消費サイドに配分して、最終的なエネルギー転換での排出量は7％であり、工場などの「産業部門」が全体の3分の1ほどです。自動車などの「運輸部門」は現状では電力でのエネルギー消費が小さく、配分前後での割合はほとんど変わりません。電力利用の割合が大きいのは「家庭部門」や、商業・サービス・事業所などの「業務その他部門」です。

　以上の二酸化炭素の排出量は10億440万tですが、ほかの温室効果ガス（GHG）としては、二酸化炭素換算でメタンが280万t、一酸化二窒素が190万t、代替フロンが580万tで、合計1050万tに相当します。したがって、GHGの量は10億1500万tに達し、二酸化炭素がその91％を占めています。その内の93％がエネルギー起源です。エネルギー起源の二酸化炭素の削減が、温室効果ガスの削減のキーとなっていると言えます。特に、エネルギー転換（発電部門）での脱炭素化と同時に、産業部門や運輸部門での電化などによる脱炭素化の努力が必要となってきています。

最終エネルギー消費の部門割合（2020年）

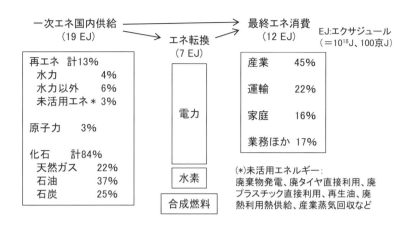

一次エネ国内供給
（19 EJ）
→ エネ転換
（7 EJ）
→ 最終エネ消費
（12 EJ）

EJ:エクサジュール
（＝10^{18}J、100京J）

再エネ　計13%
　水力　　　4%
　水力以外　6%
　未活用エネ＊3%

原子力　　3%

化石　　計84%
　天然ガス　22%
　石油　　　37%
　石炭　　　25%

電力

水素

合成燃料

産業　　　45%

運輸　　　22%

家庭　　　16%

業務ほか　17%

（＊)未活用エネルギー：
廃棄物発電、廃タイヤ直接利用、廃
プラスチック直接利用、再生油、廃
熱利用熱供給、産業蒸気回収など

日本のCO_2排出量の部門割合（総量1.04Gt-CO_2）

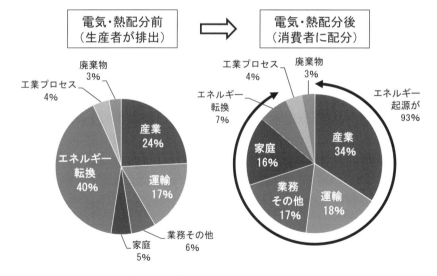

電気・熱配分前
（生産者が排出）

電気・熱配分後
（消費者に配分）

廃棄物
3%

工業プロセス
4%

エネルギー
転換
40%

産業
24%

運輸
17%

家庭
5%

業務その他
6%

工業プロセス
4%

廃棄物
3%

エネルギー
転換
7%

家庭
16%

産業
34%

業務
その他
17%

運輸
18%

エネルギー
起源が
93%

2020年度のCO_2排出量
出典：資源エネ庁「総合エネルギー統計」の2022年4月の確報値に基づき作成

> **要点**　日本のCO_2排出量はおよそ1ギガトン（10億t）であり、エネルギー起源が93%を
> 占めています。産業部門と民生（家庭と業務ほか）部門が各々3分の1であり、運輸が
> 18%です。残りの7%がエネルギー転換部門です。

第 47 話 製鉄の水素還元化とは?

　産業部門での二酸化炭素排出量の多い業種は鉄鋼です。国内の二酸化炭素排出量を減らすには、鉄鋼業での排出の削減が必須です。

■高炉製鉄

　温室効果ガスである二酸化炭素の国内での排出（2021 年に環境省が発表した 2019 年度データ）は、年間約 12 億 t であり、その内うち最も多いおよそ 35％を産業部門が占めています。その排出の約 40％が鉄鋼業です。国内全体の約 14％にあたる年間約 1.6 億 t にもなります。

　従来の製鉄では酸化鉄である鉄鉱石を「高炉」と呼ばれる鉄溶解炉を使い、2000℃以上の環境下で還元して（酸素を取り除いて）鉄がつくられます（**図上段**）。この製鉄のプロセスでは、高炉に石炭を蒸し焼きにしたコークスと鉄鉱石を交互に入れて燃焼させ製鉄します。このときの熱により発電を行い、製鉄所の電力として利用します。以上のプロセスでは二酸化炭素が大量に発生するので、CCUS 技術により二酸化炭素を回収し、利用することが可能です。水素を用いてメタンガスをつくり、高炉に導入する「カーボンリサイクルの高炉」も運転しています（**図中段**）。高炉製鉄は、国内では日本製鉄（日鉄）、JFE スチール、神戸製鋼所（神鋼）の 3 大メーカーで行われています。

■水素還元炉

　従来の高炉の反応と異なり、水素を用いる還元技術が開発されてきています。直接水素還元炉での排気ガスは基本的に水であり、温室効果ガスの排出はありません（**図下段**）。水素を使うことで熱を奪う「吸熱反応」が発生し、高炉内の温度が低下するといった技術的な問題もあります。生成された直接還元鉄は大型電気炉により不純物除去が行われます。

■転炉と電気炉

　高炉（製鉄）によりつくられる銑鉄を製錬していろいろな鋼をつくるのが転炉（製鋼）です。銑鉄に含まれる炭素や不純物を除去します。

　特に、電気炉では原料として鉄鉱石ではなくて鉄スクラップを用いての製鋼であり、環境保護の点から推奨されています。電気溶接と同様にアーク放電による熱を利用して鉄を融解して不純物を除去します。従来の高炉型に比べて消費エネルギーが少なく、設備費も高くありません。

高炉と水素還元高炉の比較

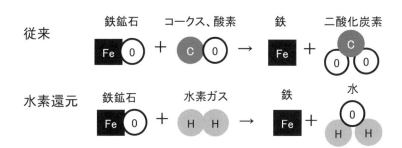

従来　　鉄鉱石　　コークス、酸素　　　鉄　　二酸化炭素

水素還元　　鉄鉱石　　水素ガス　　　鉄　　　水

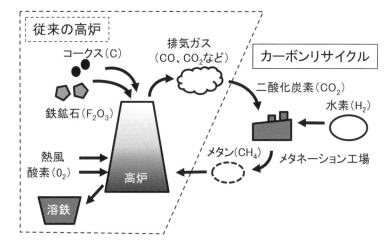

高炉

従来の高炉

コークス（C）

排気ガス（CO、CO₂など）

カーボンリサイクル

鉄鉱石（F₂O₃）

二酸化炭素（CO₂）

水素（H₂）

熱風
酸素（O₂）

メタン（CH₄）

メタネーション工場

高炉

溶鉄

水素還元炉

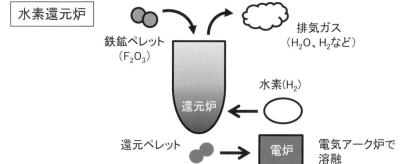

鉄鉱ペレット（F₂O₃）

排気ガス（H₂O、H₂など）

水素（H₂）

還元炉

還元ペレット

電炉

電気アーク炉で溶融

要点　従来の高炉製鉄では、石炭により酸化鉄を還元するので、多量の CO_2 が排出されます。
回収した CO_2 からメタンをつくり高炉に導入するカーボンリサイクルも行われています。
水素ガスを使った水素還元炉で排出されるのは水であり、電炉も活用されています。

第 **48** 話　セメント製造の脱炭素化は？

　産業部門の製造関連では製鉄プロセスの脱炭素が重要ですが、同様にセメント・コンクリート製造プロセスでの二酸化炭素の排出の削減が不可欠です。

■セメントの製造と二酸化炭素排出

　セメントはモルタルやコンクリートの原料として使われる白い粉です。炭酸カルシウムを成分とした石灰石が主原料であり、粘土、珪石、酸化鉄を混合して一部が融解するまで1500℃ほどの高温で焼成して「クリンカ（焼塊、酸化カルシウム）」と呼ばれる中間製品をつくります。このクリンカの主要成分は、酸化カルシウム、二酸化ケイ素、酸化アルミニウム、それに三酸化二鉄です。これに石膏（硫酸カルシウム）を加え細かく砕くとセメントが得られます（**図左側**）。

　このように、セメントのためのクリンカ製造では、石灰石の焼成の脱炭酸反応により二酸化炭素が発生します。また、焼成の熱源ための燃料の燃焼からも二酸化炭素が発生するので、二酸化炭素回収技術（CDR技術）が必要になります。

■コンクリートのリサイクル

　廃棄物を減らしてまだ使える資源を有効に活用することが、これからの循環型社会では重要とされています。環境保護のリサイクルでは、二酸化炭素の回収再利用（CCU）と、石灰石自体のリサイクルのためにコンクリートの廃材を再利用する開発が進められています。特に、建設工事に伴って廃棄されるコンクリート塊、アスファルト、建設木材の建設廃棄物は、かつて産業廃棄物全体のおよそ2割を占め、また不法投棄量のおよそ6割を占めていました。

　そこで、特定建設資材（コンクリート、アスファルト・コンクリート、木材）を用いた建築物などの解体工事において、一定規模以上の工事では、分別解体等及び再資源化等を行うことを義務づけた建設リサイクル法（正式名は「建設工事に係る資材の再資源化等に関する法律」）が2000年に制定されました。廃棄コンクリートから骨材を取り除き、細かく刻んで、空気中の二酸化炭素を溶かし込ませた水で炭酸カルシウムをつくり（**図右側**）、一部はセメントの原料として、または、多目的に再利用する原料として、さまざまな研究開発が進められています。カーボンニュートラルに向けてのコンクリート廃材のリサイクルが構想されてきているのです。

コンクリートの製造と石灰石、CO_2リサイクル

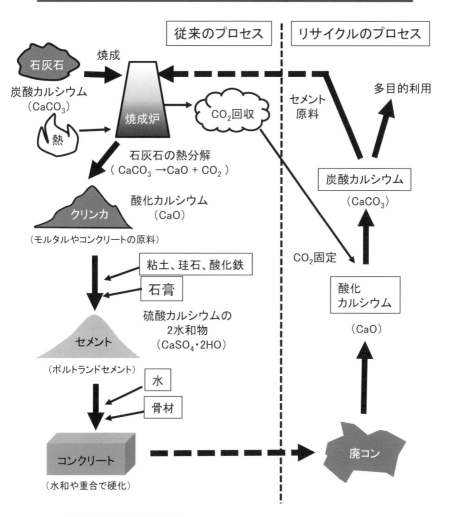

従来のプロセス　　　リサイクルのプロセス

石灰石
炭酸カルシウム
（$CaCO_3$）

焼成

熱

焼成炉

CO_2回収

セメント原料

多目的利用

石灰石の熱分解
（$CaCO_3 \rightarrow CaO + CO_2$）

クリンカ
（モルタルやコンクリートの原料）

酸化カルシウム
（CaO）

炭酸カルシウム
（$CaCO_3$）

CO_2固定

粘土、珪石、酸化鉄

石膏

硫酸カルシウムの
2水和物
（$CaSO_4 \cdot 2HO$）

酸化
カルシウム
（CaO）

セメント
（ポルトランドセメント）

水

骨材

コンクリート
（水和や重合で硬化）

廃コン

二酸化炭素の発生原因
　　◆石灰石の熱分解（$CaCO_3 \rightarrow CaO + CO_2$）
　　　　酸化カルシウム（CaO）はセメントの主成分
　　◆焼成時の燃料で二酸化炭素が発生する

要点 セメントは石灰石（炭酸カルシウム）を焼成してつくられるので、多量のCO_2が発生します。廃棄コンクリートは建設リサイクル法で一定量リサイクルが必要とされており、二酸化炭素を用いて炭酸カルシウムとしてリサイクルが検討されています。

第 49 話 自動車の電化は?

　自動車などの運輸部門では二酸化炭素排出が全体の 2 割ほどあり、産業部門に次いで排出が大きい部門です。現在、脱炭素化のクリーンエネルギー車に期待が集まっています。

■電気自動車と燃料電池車

　現代社会では車は不可欠ですが、現在の主流は依然としてガソリン車（GV）です。内燃機関としてのガソリンエンジンから、酸性雨の原因となる窒素酸化物（NO_x）や温暖化を引き起こす二酸化炭素が排出されます。

　電気自動車（EV）はバッテリに蓄えた電気エネルギーでモータを回して動く自動車なので BEV とも称されています（**上図**）。走行中の排ガスがゼロでクリーンであり、エネルギー効率が高く、騒音や振動が少ないというメリットがあります。GV に比べて、走行距離当たりの維持費が安いのも利点です。ただし、走行可能距離が短い、充電時間が長い、本体価格が高い、などの課題もあり、高性能で軽量な蓄電池の開発がキーとなっています。

　従来のエンジンと電動モータとを効率良く切り替え、しかも、家庭の電気からも充電できる「プラグインハイブリッド車（PHV）」もあります。

　クリーン車の本命と注目されているのが燃料電池での電気でモータを動かして走る「燃料電池車（FCV）」です。水素を燃料して、FC スタックで発電して電動機を回します。下り坂などではエネルギー回生運転により蓄電池に充電することも可能です。

　このように走行時に GHG（温室効果ガス）が出ないドライブは「ゼロカーボン・ドライブ（略称：ゼロドラ）」と呼ばれ、環境省も推奨しています。

■ GV、EV、FCV の比較

　EV や FCV は GV よりも高価であり、しかも、製造時に多くの二酸化炭素を排出します。走行時には GHG が排出されないとしても、EV 用の充電電力自体の発電時に GHG が発生します。FCV でも水素製造過程で GHG 排出は無視できません。製造・走行・廃棄のライフサイクルを通しての二酸化炭素の排出量を比較する必要があります（**下図**）。走行距離で数万 km までは GV の方が二酸化炭素の排出が少ないですが、5 万 km ほどを超えると GV の GHG 排出が最大となります。最終的に最も排出量が少ないのは FCV であり、ライフサイクルでの排出量は二酸化炭素換算で 20t ほどとなります。

自動車の比較

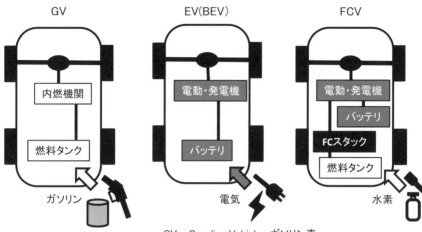

GV | EV(BEV) | FCV

GV   Gasoline Vehicle　ガソリン車
PHV   Plug-in Hybrid Vehicle　プラグインハイブリッド車
EV   Electric Vehicle　電気自動車
BEV   Battery Electric Vehicle　バッテリ電気自動車
FCV   Fuel Cell Vehicle　燃料電池車

ライフサイクルCO_2排出量の自動車比較

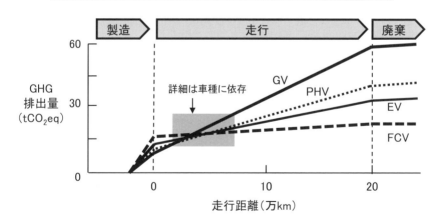

要点　自動車の製造時のGHG（温室効果ガス）排出量は、コストと同様にGV（ガソリン車）が最小でFCV（燃料電池車）が最大です。一方、10万km以上の走行時には、累積のGHG排出量はFCVが一番少なくGVが最大となります。

第50話 飛行機も電動化できる？

　飛行機の燃料は石油燃料であり、脱炭素化燃料としてバイオ燃料や水素燃料の開発が行われています。さらには、ビジネスジェット機では電動化もなされています。

■飛行機のバイオ燃料化

　飛行機の燃料にはガソリン系とケロシン系（灯油系）があります。ガソリンは揮発性が非常に高くて引火点が低く常温で燃えやすいのに対して、灯油は引火点が高くて揮発性も低く常温で燃えにくいのが特徴です。

　一般のジェット旅客機の場合にはケロシン系のジェット燃料が用いられます。ケロシンは、灯油に似ていますが純度が高くて、地上より50℃ほど低い上空1万mでも凍らない燃料です。脱炭素化には化石燃料と異なる燃料が必要です。現在、廃食油（食用油）やユーグレナと称されるミドリムシなどから合成されるSAF（サフ）と呼ばれるバイオ燃料の開発が進められています。

　液体・ガス燃料や電池のエネルギー密度を比較すると（**上図**）、重量・体積の観点から現在の電池では大型旅客機の実現は困難です。低炭素化のために、液体燃料としてのバイオ合成燃料の開発に期待が集まっている所以です。

■飛行機の電動化

　自動車では、ガソリン車からハイブリッド車、そして電気自動車へと開発が進められてきました。同様に、飛行機でもジェット燃料からハイブリッド機、そして電動飛行機の開発が期待されています。

　従来のジェットエンジンでは、前方からの空気を圧縮機で高温高圧状態にしてジェット燃料を混合させて燃焼させます。それを後方に噴出させて、その反作用により推進します。旅客機では、さらに燃焼によってタービンを回転させて推進ファンを駆動して推力を得ます（**下図**）。

　完全電動化の飛行機では、二次電池からの電気で電動モータを駆動し推進ファンを回転させて飛行します。しかし、現在のリチウムイオン電池のエネルギー密度では、中型以上の規模の旅客機を飛ばすことができません。課題は、ジェット燃料に比べて蓄電池のエネルギー密度が数十分の1と極めて低いことです（**上図**）。長時間飛行のためには、蓄電池のさらなる開発に期待が寄せられています。

　ジェットエンジンに発電機を連動させて、蓄電池からの電気で電動モータを回して推進ファンにより飛行するハイブリッド方式も開発されています。

航空機の燃料と電動化

通常（ケロシン系ジェット燃料）
液化天然ガス（一部の軍用機）
SAF（＊）（開発中）
　　　廃食油、ユーグレナ（ミドリムシ）

＊SAF：サフ、持続可能な航空燃料
（Sustainable Aviation Fuel）

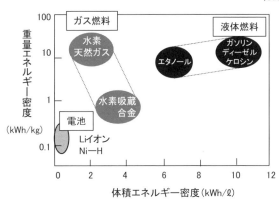

エネルギー密度の観点から、飛行機には液体燃料が最良です。

飛行機の電動化には、電池の軽量化と小型化が不可欠です。

出典：資源エネルギー庁の資料から著者作成
https://www.enecho.meti.go.jp/about/special/johoteikyo/gosei_nenryo.html

ジェット機の推進原理と電動化

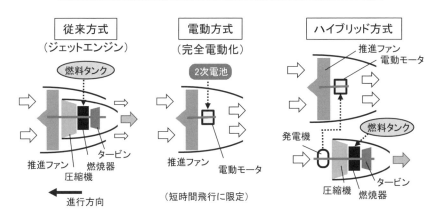

要点　電池はエネルギー密度が低いので、現状では大型飛行機の電動化は困難です。エネルギー源としては、エネルギー密度の高い液体燃料が利用されています。小型飛行機では、電動式やハイブリッド（ジェットエンジンと電動モータ）式が利用されています。

家庭部門での脱炭素化には電化が有効です。さらに、省エネ家電を普及させることが、2050 年カーボンニュートラル達成の一助として期待されています。

■ヒートポンプ技術による省エネ化

一般に液体が気化するときにはまわりから熱（気化熱）を奪い、逆に気体が凝縮して液化するときには熱（凝縮熱）を発生します。スプレー缶を使うと気化熱で缶が冷えたり、吸湿発熱繊維（ヒートテックなど）での発汗時の凝縮熱で保温できたりする現象です。ヒートポンプ技術はこの現象を使っています。

ヒートポンプは大気中などの熱を集めて移動させる技術であり、小さな電力で大きな熱を移動させるシステムです。通常のセラミックで被覆された電気ヒーター（セラミックヒーター）では、抵抗加熱の原理を利用するので電力がそのまま暖房の熱として利用されます。一方、ヒートポンプでは、室内からの熱を利用して圧縮機での電力だけで冷媒の温度を上げて室内に放熱させ、それを膨張弁で冷たい冷媒に戻して循環させます。電力 1 に対して 5 ～ 10 倍の暖房の熱を得ることができます（**上図**）。

■ IH コンロによる電化・省エネ化

日本の神話の中で「三種の神器」は鏡（八咫鏡（やたのかがみ））、玉（八尺瓊勾玉（やさかにのまがたま））、剣（草薙剣）であり、天皇家に代々引き継がれています。この日本古来の 3 種の神器になぞらえて、いくつかの家電製品のセットが宣伝されてきました。1960 年代半ばのカラーテレビ・クーラー・自動車の 3C 家電は「新三種の神器」と呼ばれました。また、台所では食器洗い乾燥機・IH クッキングヒーター・生ゴミ処理機は「キッチン三種の神器」と呼ばれます。現在の高周波方式の IH 調理器の原型は 1970 年代初めに米国や日本の会社で商品化されており、1990 年代初期から大幅に普及してきました。

耐熱性セラミックス板のトッププレートの下に設置したコイルに交流電流を流し、発生させた変動磁場により鍋底に無数の渦電流を生じさせて、電気抵抗のある鍋底を直接加熱させます。通常のガスコンロでは熱の 50％ほどしか鍋を温めることができませんが、IH クッキングヒーターでは 90％の熱効率となります（**下図**）。さらに、上面がフラットパネルで清潔であり、火を使わず安全面でも優れています。その技術は炊飯器にも応用されています。

ヒートポンプのエアコン

ヒートポンプ（Heat Pump、熱ポンプ）

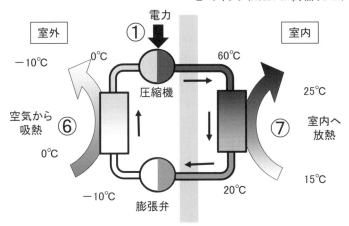

①の電力と6倍の⑥の外気熱から、電力の7倍の⑦の熱を利用でき、省エネルギーを実現できます。

IHクッキングヒーター

IHクッキング（Induction Heating Cooking 、誘導加熱調理）

鍋自体が発熱

コイル電流　　渦電流

電磁誘導の法則により鍋に生じる渦電流で鍋自体が効率良く発熱します。

ガスコンロ

熱効率およそ50%

熱がさまざまな方向へ逃げてしまい、半分ほどしか鍋に伝わりません。

IHクッキングヒーター

熱効率およそ90%

鍋の底に直接、効率良く熱が伝わります。

> **要点** 家庭での脱炭素化には省エネの家電製品の導入が有効です。ヒートポンプエアコンや IH（誘導加熱）クッキングヒーターにより熱エネルギー効率を上げることができ、実質的に二酸化炭素の排出量の削減が可能となります。

第 **52** 話　家の省エネは？

　家の省エネ・脱炭素化には、備え付けの家電機器の省エネ化、家の断熱性能の向上、さらに、再エネ発電設備の効率運用が必須です。

■家庭部門でのエネルギー源の種類と用途
　我が国の高度経済成長が始まったとされる 1965 年ごろには、家庭のエネルギー消費の用途別の割合は、給湯と暖房が各々 3 分の 1 でしたが、家電機器の普及・大型化・多様化や生活様式の変化などに伴い、現在では動力・照明が全体の 3 分の 1 で最大になりました（**上図左**）。

　エネルギー源の種類別には、1965 年度ごろには家庭部門での最大が石炭で 3 分の 1 ほどを占めていましたが、その後、主に灯油に代替されています。電気は 1965 年には 4 分に 1 以下でしたが、現在は最大の 50％となっています（**上図右**）。最近はオール電化住宅も増えてきています。

■オール電化住宅
　通常の家庭では、風呂、台所、暖房ではガス（都市ガス・プロパンガス）が使用されていますが、オール電化住宅ではガスを使わず、電気ですべてをまかないます。

　家庭のエネルギー消費のうち、約 3 分の 1 が「給湯」です。熱機器の電化が進んでいますが、ガス給湯器でも排気熱を再利用する「エコジョーズ（潜熱回収型給湯器）」によりガスの使用量を 10 ～ 15％削減できます。電化する場合には、電気ポット、電気カーペットやセラミックヒーターなどでは、電熱線での抵抗熱が用いられています。調理には抵抗加熱ではなくて電磁誘導の原理による IH（誘導加熱）クッキングヒーターが利用されます。ヒートポンプ技術を利用したエアコンや、安い夜間電力で運転される給湯器「エコキュート（自然冷媒（二酸化炭素）ヒートポンプ給湯機）」も活用されます。

■ ZEH（ゼッチ：ネット・ゼロ・エネルギー・ハウス）
　家の断熱構造や再エネ電化にも気を配る必要があります。ZEH または ZEB は、断熱性能を格段に向上させ、高効率な設備システムを導入して、大幅な省エネルギーを実現し、電力には太陽光などの再生可能エネルギーを導入することにより、年間の一次エネルギー消費量の収支をゼロとすることを目指した家またはビルです（**下図**）。家庭用燃料電池「エネファーム」を利用して発電時の熱で給湯することもできます。

家庭でのエネルギー消費の用途

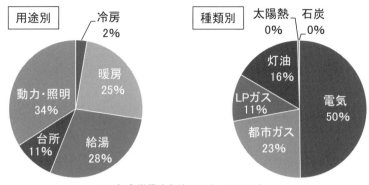

用途別

- 冷房 2%
- 暖房 25%
- 給湯 28%
- 台所 11%
- 動力・照明 34%

種類別

- 太陽熱 0%
- 石炭 0%
- 灯油 16%
- LPガス 11%
- 都市ガス 23%
- 電気 50%

2020年度世帯当たり32GJ（＝8.9MWh）
電気代換算（1kWh〜30円）で〜27万円相当

出典：エネルギー白書2022（2022年6月）第2部第1章　p.80

ZEB、ZEHのしくみのイメージ

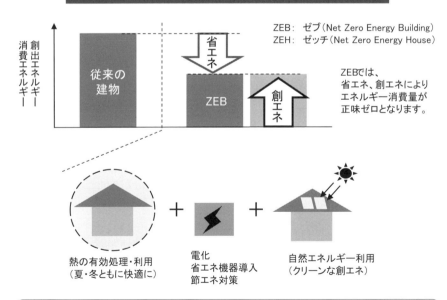

ZEB： ゼブ（Net Zero Energy Building）
ZEH： ゼッチ（Net Zero Energy House）

ZEBでは、
省エネ、創エネにより
エネルギー消費量が
正味ゼロとなります。

創出エネルギー → 消費エネルギー

従来の建物

省エネ

ZEB

創エネ

熱の有効処理・利用
（夏・冬ともに快適に）

＋

電化
省エネ機器導入
節エネ対策

＋

自然エネルギー利用
（クリーンな創エネ）

> **要点**　家庭でのエネルギー消費のうち、用途別では1/3が動力・照明であり、種類別では半分
> が電気です。家電製品の多様化や大型化の影響と思われます。省エネのZEBやZEHでは、
> 熱の有効利用、省エネ電化、自然エネルギー利用が行われています。

第53話 情報システムの省エネ、超伝導化は?

近年、業務部門などでの情報システムが爆発的に発展しています。膨大な数の情報機器の省エネ化や、超高速・超並列計算の量子コンピュータの開発が進められています。

■ IoT と環境発電

現在、さまざまなものが計算機で制御がなされ、インターネットに接続されてきています。これは IoT（モノのインターネット）と呼ばれています。個々の消費電力は微小ですが、膨大な数があり、その通信機器の電力もばかになりません。周辺にある未利用のエネルギーを用いて発電できれば、地産地消の環境にやさしいエネルギーシステムができます。これが環境発電です。

持続可能な社会を構築するため、IoT 機器を使ったさまざまなモノが制御されるスマート社会が構築されます（**上図**）。ZEH（ゼロ・エネルギー・ハウス）の例では、IoT 技術や環境発電の活用が想定されています。

■量子コンピュータや超伝導送電

ネットワークにつながれたクライアント機器に対して、中心となるサーバーでは多様な処理が必要となります。特に、計算サーバーとしては、大規模・並列計算機スーパーコンピュータ（スパコン）があります。日本の「富岳」は現状（2022年春）では世界最速ですが、省エネ化のために水冷却で電力損失の低減化がなされています。富岳の消費電力は 30 メガワット（MW）であり、定常的にフル稼働すれば、5 万戸近くの家庭の電力消費に相当します。

超高速・超並列の「量子コンピュータ」を利用すれば、計算能力当たりの消費電力を劇的に低減することが可能です。スパコンに対する量子コンピュータの優位性は「量子超越（量子スプレマシー）」として 2019 年秋に実証されています。現在の最先端のスパコンで計算すると約 1 万年かかる問題を、量子コンピュータでは 3 分 20 秒（200 秒）で解いたとのことです（**下図**）。

量子コンピュータは極低温用にヘリウム液化冷凍機も必要であり、まだ汎用とはなりませんが、技術革新により高速・省エネ化の道が開かれると考えられます。

電力伝送の場合には、電線での電力損失がかなり大きくなります。超伝導化による電力転送の損失を減らすための超伝導ケーブルの開発も進められています。液体ヘリウム温度での伝送路では冷却の電力も大きいので、常温超伝導線材による送電も開発されてきています。

IoT機器の省エネ化

| 持続可能性
3E＋S | → | 情報通信技術による社会のスマート化
（電力・ガス・水、交通・物量など） |

＜ZEHの例＞

| 室内環境の質の維持
省エネルギー化 | → | エネルギー管理（HEMS対応）
電力・環境センシング（環境発電）
機器間の無線通信（IoT技術）
機器制御操作（スマホ、スマートスピーカーの活用）
クラウドと AI活用（ビッグデータの活用） |

ZEH: ゼッチ（net Zero Energy House）
IoT: モノのインターネット（Internet of Things）
HEMS: ヘムス（HomeEnergy Management System）

スパコンと量子コンピュータとの比較

		スパコン	量子コンピュータ
計算時間の比較		1万年（＊）	200秒
装置		米国「サミット」 日本「富岳」 （世界最速2020年6月）	米国「シカモア」 米国「IBMQ」 カナダ「D-Wave」
特長	現状	◎既存技術で 汎用並列化 ◎高度な大規模計算で 実績大	○組合せ最適化に特化 （量子イジング方式） △汎用化は開発中で未完成 （量子ゲート方式）
	将来	△大規模超並列では 消費電力大で困難	◎超並列・小型化・ 消費電力小の可能性大

要点 多くのモノがインターネットにつながる IoT（モノのインターネット）社会では、膨大な数の IoT 機器の省エネ化が必要です。また、情報化社会における情報サーバや計算サーバでの量子コンピュータなどの革新技術が必要とされています。

コラム 5　LED 照明は省エネで割安か？（白熱電球、蛍光灯、LED）

　2017 年に、東京都では参加する電気店で白熱電球 2 個を LED 電球 1 個に無償で交換できる事業（家庭における LED 省エネムーブメント促進事業）が実施されました。100 万個の白熱電球が LED に換わると約 4.4t の二酸化炭素削減になり、都庁の排出している二酸化炭素の 2.5 年分と宣伝されていました。省エネ行動の拡大促進のための政策でした。

　現在の環境省の WEB サイトの「しんきゅうさん」には、もったいない精神で 10 年前の家電製品を使い続けるほうがむしろ「もったいない」として、省エネ製品買い替えを推奨しています。

　例えば、60W の白熱電球（消費電力 54W）を同じ明るさの LED 電球（およそ 8W）に変えると、およそ 85％の省エネになり、1 日に 5 ～ 6 時間（1 年間で 2000 時間）点灯したとして、1 年間で白熱電球の電気料金が 3000 円ほどになるのにたいして、LED 電球では 500 円以下で済むことになります（電力目安単価 27 円／ kWh で計算）。寿命は、白熱電球がおよそ 1000 時間に対して、LED 電球は約 4 万時間（LED 電球 1 個で白熱電球 40 個分の寿命）といわれています。LED 電球は 10 年以上は電球を交換しなくてもよい計算になります。LED 電球は近年非常に安くなってきています。白熱電球が 100 円であるのに対して、LED 電球は 500 円ほどで、交換が絶対お得です。蛍光灯シーリングライト（68W、寿命 1 万 3000 時間）を LED シーリングライト（34W）に交換した場合でも 50％省エネが達成され、数年以上の使用では製品交換のメリットがあります。

　LED 電球メリットは消費電力の削減だけではありません。紫外線や赤外線が少ないため食品や美術品などにも安全に使えること、暖色や中間色、寒色などが選べること、タイムラグなしで瞬時に点灯できること、発熱が少ないのでエアコンの電力削減などが可能で総合的にエコにつながること、などがあげられます。

白熱電球

LED電球

第6章

カーボンニュートラルのリサイクル技術（炭素資源再利用）

炭素のリサイクル（再循環、再生利用）の方法として、空気中の二酸化炭素回収、二酸化炭素の地中貯蔵、二酸化炭素の固体化や燃料化の利用について解説し、ネガティブエミッションの達成について説明します。また、水素やアンモニアの利用についても解説します。

第54話 炭素のリサイクルの方法は?

二酸化炭素を炭素資源（カーボン）として扱い、回収して再生利用（リサイクル）する研究開発が進められています。脱炭素化やSDGsに合致する取組みです。

■ CCU と CCS

排ガスなどから分離・回収した二酸化炭素を利用するCCU（二酸化炭素回収・利用）が進められています。さまざまな利用方法がありますが、再生利用できない二酸化炭素は、CCS（二酸化炭素回収・貯留）として地下などに貯蔵し、固定化します。回収される二酸化炭素の直接的な利用として、ドライアイスがあります。また、石油やガスの採取の効率的な原油増進回収（EOR、エンハンスト・オイル・リカバリ）法での地下油層への注入ガスとして期待されています。EORにより、採取率を20％ほどから50％以上に上げることができます。

二酸化炭素をさまざまな方法で再生利用（カーボンリサイクル）することもできます（**上図**）。第一に触媒開発や人工光合成にも関連して①化学品として利用できます。バイオなどの②燃料などに変換して利用する方法もあります。回収した二酸化炭素と水素を用いてメタンガス燃料をつくることができ、メタネーションと呼ばれています。コンクリート製品などの③鉱物として利用することもできます。カルシウムや鉄などの金属酸化物は二酸化炭素と反応して、金属炭酸塩をつくります。排出された二酸化炭素を再利用するだけでは、理想的にカーボンニュートラルが可能ですが、カーボンネガティブ（ネガティブエミッション）を目指す場合には、④その他に記したように、CCS付きバイオエネルギー（生物体由来のエネルギー）（BECCS）で利用したり、海洋生態系への貯留（ブルーカーボン）により生物機能を利用することです。

■カーボンリサイクルのメタネーション事例

いろいろな化学製品は化石燃料（石油、石炭、天然ガスなど）からつくられますが、ゼロカーボン社会では、CCUにより化学製品を生産する必要があります。再生可能エネルギー由来の電力を用いて製造した水素と二酸化炭素とを反応させてメタンなどの化学原料をつくり（メタネーション技術）、衣料などの化学製品をつくります。廃棄した衣料はごみ焼却されて二酸化炭素が排出されますが、二酸化炭素を回収することにより、カーボンリサイクルが可能となります（**下図**）。

カーボンのリサイクル品

| ①化学品 | 含酸素化合物（ポリカーボネート、ウレタンなど）
バイオ由来化学品
汎用物質（オレフィン、BTXなど） |

| ②燃料 | 微細藻類バイオ燃料（ジェット燃料・ディーゼル）
微細藻類以外のバイオ燃料（メタノール、エタノール、ディーゼルなど）
ガス燃料（メタン） |

| ③鉱物 | コンクリート製品・コンクリート構造物
炭酸塩　など |

| ④その他 | ネガティブエミッション
（BECCS、ブルーカーボン（海洋生態系への貯留）など） |

カーボンリサイクルの事例（化学製品）

CO_2回収技術と再生可能エネルギー利用のメタネーション技術

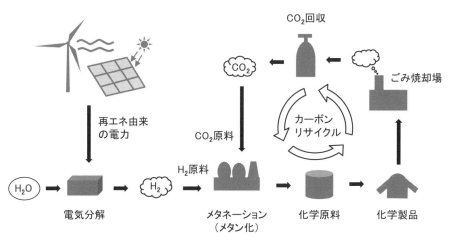

要点　産業廃棄物としての二酸化炭素は、リサイクル（再循環）が可能です。回収して直接利用するほか、化学品（ウレタン製品など）、燃料（ジェット燃料など）、鉱物（コンクリート製品など）として再利用されています。ただし、脱炭素電力などの利用が必要です。

第 55 話 空気中の二酸化炭素回収は?

　やむなく大気中に排出されてしまった二酸化炭素濃度を減らすために、空気中から直接回収する DAC 技術が開発されてきています。

■ DAC（直接空気回収）

　地球温暖化の原因が二酸化炭素であるならば、それを大気中から直接取り除こうとする方法が、「DAC、ダイレクト・エアー・キャプチャー（直接空気回収)」と呼ばれる技術です。ファンで空気を取り込み、二酸化炭素は酸性なので、二酸化炭素と結びつきやすいアルカリ性の化学物質（吸着剤）を用いて吸収・分離します。これを加熱し減圧することで二酸化炭素を回収して利用したり、地中に貯留したりすること（CCUS）ができます（**上図**)。

■二酸化炭素分離のいろいろな方法

　想定されている DAC の方法としては、①物理および化学吸収・吸着法、②膜分離法、③深冷法などがあります（**下図**)。

　「吸収・吸着法」では、物理吸着の現象を利用する物理法と、化学反応を利用する化学法がありますが、空気中の二酸化炭素濃度は微量なので、物理吸着法は DAC には適しません。化学法の設備としては吸収塔と再生塔との両方を対で用い、二酸化炭素を含むガスを吸収塔の下方から流入し、吸収液や固体吸収材に二酸化炭素を吸収させます。再生塔では、加熱し減圧して二酸化炭素を分離します。最小の熱エネルギーで運転できるような高効率化の技術開発が必要です。これは、天然ガスの精製や水素製造装置で広く使われている方式です。

　「膜分離法」は、二酸化炭素を分離する機能を持つ膜を利用して分離・回収する方法です。

　「深冷法」は、二酸化炭素が含まれたガスを冷却し、二酸化炭素をドライアイスにして分離する方法です。すでに、空気から酸素を製造するのに使われている方法です。

　二酸化炭素は大気中にわずか 0.04％しかないので、DAC ではそれを集めて濃縮する斬新な工夫や多くのエネルギーが必要となります。世界的には二酸化炭素 1t 当たりの DAC にかかる費用は 5 万円であり、工場や発電所に設置する CCUS のおよそ 10 倍とコスト高が課題です。将来的に 1t 当たり 1 万円程度を目指して大気中の二酸化炭素を分離・回収する DAC 技術の開発が進められています。

DAC（直接空気回収）

DAC： Direct Air Capture

大気中の低濃度のCO$_2$も回収できます

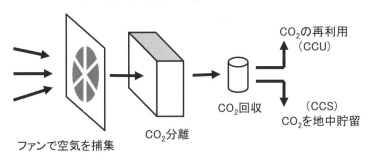

ファンで空気を捕集

CO$_2$分離

CO$_2$回収

CO$_2$の再利用
（CCU）

（CCS）
CO$_2$を地中貯留

CO$_2$分離法

化学吸収・吸着法
（アルカリ性のアミンなどの溶剤を噴霧したりフィルターに
浸み込ませたりして、化学的にCO$_2$を吸収液に
吸収させ、加熱や減圧で分離する方法）

溶剤

膜分離法
（CO$_2$が選択的に透過するイオン交換膜などを
用いて分離する方法）

膜

深冷法
（極低温下で液化し沸点の違いを用いて分離する方法）

ドライ
アイス

（参考）　物理吸収・吸着法
（高圧下でCO$_2$を物理吸収液に吸収させて分離する方法）
低濃度（低分圧）のCO$_2$の分離には不向き

要点　カーボンリサイクルのためには、空気中に飛散したCO$_2$を集めて回収するDAC（直接
空気回収）技術が必要です。CO$_2$の分離には、吸収・吸着法、膜分離法、深冷法などが
用いられ、CO$_2$1tあたり1万円のコストを目指しての研究開発が進められています。

第 56 話

二酸化炭素の地中貯蔵は？

　脱炭素政策として、火力発電所や化学プラントから排出された二酸化炭素を回収し、圧力を加えて地中に貯留する方式が開発されてきています。

■ CDR と CCS

　脱炭素化のために、工場や発電所から排出される二酸化炭素を回収する技術（CDR 技術、二酸化炭素回収技術）が必要です。回収された二酸化炭素はパイプラインで陸上または海上の二酸化炭素圧入施設から、「不透水層」としての構造性キャップ岩の下の砂岩で作られている隙間の多い地中の「帯水層」に二酸化炭素を注入します。これは CCS（二酸化炭素回収・貯留）と呼ばれ、もともと化石燃料由来の産業廃棄物である二酸化炭素を地中に埋め戻す脱炭素技術です（**上図**）。

　現状では、新設石炭火力発電所からの化学吸収法による分離回収のコストは、二酸化炭素 1t 当たり 3 〜 4000 円ほどですが、地中注入コストは年間圧入量、圧入深度、海底パイプライン距離などに依存して高価になります。2050 年には CCS コスト 1000 円 /t が目標となっています。

■ EOR と超臨界二酸化炭素

　原油の生産には一般的に 3 つのフェーズがあります（**下図**）。1 次回収は効率的な自噴採油ができます。自噴やポンプ採油ができなくなる状態での 2 次回収では、油層に水や天然ガスを直接注入して IOR（改良型原油回収）を行います。残留している原油は粘度が高く流動性が悪い状態でたまっているので、さらに採掘量が減少する 3 次回収では、岩石や地層流体の物理・化学的特性を変化させて原油を回収する EOR（原油増進回収）が試みられます。特に EOR に二酸化炭素を利用する方法を、「二酸化炭素圧入攻法」と呼ばれており、CCS との連携で、原油の飛躍的増産と地球温暖化抑制対策の一石二鳥が期待されています。

　二酸化炭素圧入攻法では、「超臨界」状態（第**59**話）の二酸化炭素を利用することで細い配管内でも損失を少なくして地下深くまで注入することが可能となります。超臨界とは、液体としての溶解性と、気体としての拡散性の両方の性質を持ち、分子の活性が高く高い流動性があります。

　日本では経産省が北海道苫小牧市での CCS 大規模実証試験で 2019 年 11 月に目標である 30 万 t の貯蔵に成功しています。ただし、事業化には技術の確立やコスト低減、適地の開発など多くの課題が残されています。

CCS（二酸化炭素回収・貯留）とEOR

CCS：Carbon dioxide Capture and Storage（二酸化炭素回収・貯留）
EOR：Enhanced Oil Recovery（原油増進回収）

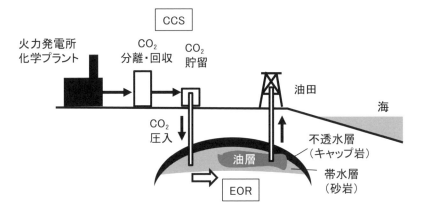

火力発電所
化学プラント

CO_2
分離・回収

CO_2
貯留

CCS

CO_2
圧入

EOR

油田

海

不透水層
（キャップ岩）

帯水層
（砂岩）

油層

IORとEOR

IOR: Improved Oil Recovery（改良型原油回収）
EOR: Enhanced Oil Recovery （原油増進回収）

1次回収　自噴採油とポンプ採油
2次回収　油層に水や天然ガスを直接注入（水攻法）
3次回収　岩石層の性質を変えて残る原油を回収
　　　　　（ミシブル＊攻法、熱攻法、ケミカル攻法、など）

＊）ミシブル状態とは原油と注入流体
　　との間に界面がない状態

IOR

EOR

採油量

1次
回収
～30%

2次
回収
～15%

3次
回収
～10%

油田全体に対する
典型的な回収率

採油経過

要点 CO_2 の地中貯蔵としての CCS（二酸化炭素回収・貯留）では、不透水層に覆われた帯水層に回収した CO_2 を圧力注入します。二酸化炭素の直接利用としての EOR（原油増進回収）との組み合わせが多く用いられています。

カーボンニュートラルの維持だけでは、大気中の二酸化炭素濃度を低減させることは困難です。より積極的にネガティブエミッションの技術が必要となってきています。

■ゼロエミッションからネガティブエミッションへ

カーボンニュートラルはゼロエミッション（零排出）とも呼ばれています。排出に比べて、吸収や貯留が多くて、大気中の二酸化炭素濃度が減少する場合がネガティブエミッション（負排出）です。具体的には、工場排気と植林回収との釣り合いでのゼロエミッション状態で、さらに、工場排気の二酸化炭素の回収・貯留（CCS）を行うことで、ネガティブエミッションが達成されます（**上図**）。

■ネガティブエミッションの方策

さまざまなネガティブエミッション技術が検討されてきています（**下図**）。自然プロセスを人工的に加速したり、人為プロセスの工学的技術を組み入れたりします。具体的には、「バイオマス利用」として、新規植林や再生林、土地の再生と土壌への炭素貯留（自然分解による二酸化炭素発生を防止）、バイオマスを炭化して炭素の固定、などがあります。「回収・貯留」として、バイオエネルギー利用による二酸化炭素の回収・貯留（BECCS、第**⓱**話）と二酸化炭素の直接空気回収・貯留（DAC＋CCS または DACCS、第**㊼**話）。「風化利用」では、玄武岩などの粉砕・散布による風化促進、並びに「海洋利用」として、海洋への養分散布による海洋植物の生育促進、アルカリ性物質散布による海洋吸収の促進、などがあげられます。

これらの技術は、その成熟度や費用などで大きく異なっています。2050 年での植林では二酸化炭素 1t 削減当たり 3000 円ほど、BECCS では 1 万 5000 円、DACCS では 2 万円ほどと予想されています。ちなみに、2050 年の炭素税の IEA（国際エネルギー機関）の想定価格は 1t 当たり 2 万 5000 円です。

2015 年採択のパリ協定では、2100 年の地球大気温度上昇は 2.0℃目標で 1.5℃が努力目標とされましたが、この目標を達成するには、2050 年に二酸化炭素排出量実質ゼロが必要であること、そして、ネガティブエミッション技術が必要となることが明らかにされています。2050 年には年間 500 億 t の二酸化炭素の削減が目標とされており、その内の 70 億 t が分離回収による削減が想定されています。

ネガティブエミッションのイメージ

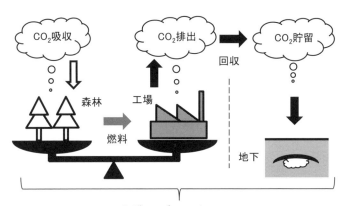

ネガティブエミッション
温室効果ガスの排出（エミッション）が、正味として負（ネガティブ）になること。

ネガティブエミッション技術（NETs）

NETs: Negative Emissions Technologies

バイオ利用

植林・再生林（グリーンカーボンの吸収・固定）
土壌炭素貯留（自然分解によるCO_2発生を防止）
バイオ炭（バイオマスを炭化して炭素を固定）

回収・貯留

BECCS（バイオエネルギーと二酸化炭素回収・貯留の組合せ）
DACCS（空気中の二酸化炭素の直接回収・貯留）

風化利用

風化促進（玄武岩などの風化プロセスでの炭酸塩化によるCO_2吸収）

海洋利用

海洋肥沃・生育促進（ブルーカーボンの吸収・固定化）
植物残渣海洋隔離（自然分解によるCO_2発生を防止）
海洋アルカリ化（自然の炭素吸収を促進）

要点 カーボンニュートラル（ゼロエミッション）のためには、積極的にネガティブエミッション（負排出）の技術が必要となってきています。具体的には、バイオマスによる吸収、空気中からの回収・貯蔵、風化促進、海洋植物の利用などの方法が検討されています。

第58話 二酸化炭素の固体化は?

　二酸化炭素のリサイクルとして、固体化によるドライアイスの利用が考えられますが、人工光合成による化学品の生成の開発も進められています。

■二酸化炭素の状態図

　いろいろな温度と圧力で物質がどのような状態かを示す図が「状態図」です（**上図**）。固体と気体とが共存する点を結んだ曲線が昇華曲線です。固体、液体、気体が共存できる唯一の点は「三重点」と呼ばれ、二酸化炭素では三重点の圧力は大気圧よりも高い点なので、1気圧での昇華点はマイナス78.5℃です。これ以下の温度で1気圧で二酸化炭素ガスを固体としてのドライアイスに変化させるか、5気圧ほど昇圧してマイナス60℃でドライアイスが生成できます。ドライアイスは冷蔵食品の輸送や保存に幅広く利用されています。

　水の場合では三重点は1気圧よりかなり低く、0.006気圧で0.001℃です。二酸化炭素を含む水を特定の圧力下で低温にすると、固体の二酸化炭素のみを分離回収することができます。これは「深冷法」と呼ばれています。

■人工光合成

　植物の光合成では、太陽エネルギーを利用して二酸化炭素と水から有機物（でんぷん）と酸素が生み出されます。この原理を人工的に模擬して、太陽エネルギーを用いて二酸化炭素から「化学品」をつくります。これが「人工光合成」です（**下図**）。第1段階では、光に反応して特定の化学反応を促す「光触媒」を使い、水を分解し、水素と酸素を作り出します。第2に、「分離膜」を通して水素だけを分離し、取り出します。最後に、取り出した水素と、工場などから排出された二酸化炭素とを合わせ、「合成触媒」を使って化学合成を行います。この人工光合成により、脱炭素化プロセスとして、プラスチックなどの原料になる「オレフィン」を合成することができます。第1の光触媒と第2の分離膜とから、水素をつくることができます。これは水素と酸素との「膜分離法」に相当します。

　同じ太陽光から電力を得るのであれば、「太陽光→水素→燃料電池→電力」の水素エネルギープロセスよりも、太陽電池を用いて直接的に「太陽光→電力」のプロセスの方が圧倒的に効率的で経済的です。しかし、蓄エネルギーの方法として利用可能な水素を生成する有益な方法とも考えられています。

二酸化炭素と水の状態図

二酸化炭素（CO₂）

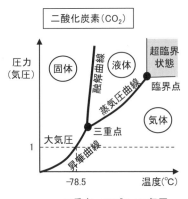

三重点：−56.5℃、5.1気圧
臨界点：31.1℃、73気圧

水（H₂O）

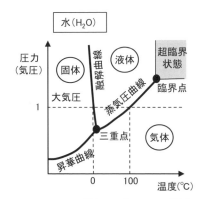

三重点：0.01℃、0.0006気圧
臨界点：374℃、218気圧

脱炭素化の人工光合成

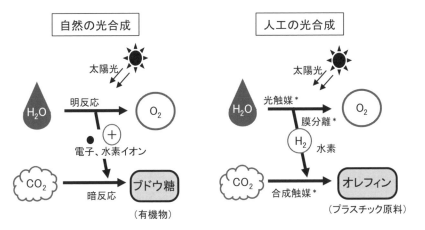

（＊）光触媒：　水を水素と酸素に分解します。
　　　膜分離：　酸素と水素との大きさの違いを利用して水素を分離します。
　　　合成触媒：　水素と二酸化炭素からエチレン、プロピレンなどを合成します。

> **要点**　CO₂ の直接利用として、5 気圧で− 60℃以下で製造できる固体のドライアイスがあります。また、植物での光合成により CO₂ の固定化ができるように、人工光合成により高分子化合物としてのオレフィンの合成も開発されてきています。

第 59 話　二酸化炭素の燃料化は?

　化石燃料は炭素と水素とが結合した燃料です。燃料の燃焼により排出された二酸化炭素を回収し、再度燃料に蘇らせることが可能です。

■FT法と合成燃料

　脱炭素化社会に向けて、化石エネルギーの代替燃料として、水素と二酸化炭素との合成燃料とバイオマスの燃料とがあります。特に、航空分野のジェット燃料は電気などほかのエネルギー媒体に代替することが困難であるため、バイオジェット燃料や合成燃料がSAF（再生可能代替航空燃料）として注目されています。

　合成燃料として有名なのは、石炭や天然ガスから合成ガスをつくりメタンをつくる「メタネーション」です（**上図**）。メタンは気体ですが、液体燃料としてのメタノールも合成できます。分子としてもっと炭素を多く結合させた炭化水素にすることで、液体燃料ができます。欧米で注目されている「イーフュエル」などがその例です。これは、フィッシャー・トロプシュ（FT）合成技術で生成され、合成ガスから触媒を用いて液状炭化水素が合成されます。

　FT法は1920年代にドイツで開発され、合成ガスは天然ガス、石炭、水からつくられますが、再生可能エネルギーを用いて生成した水素と回収された二酸化炭素とからの合成する脱炭素燃料に期待が集まっています。

■ミドリムシとバイオジェット燃料

　木質系バイオマスからメタンやエタノールなどのバイオ燃料をつくることができますが、もう1つの方式はミドリムシなどの微細藻類を利用する方法です（**下図**）。

　ミドリムシは体長わずか約0.05mmという小さな微生物（藻の一種）です。髪の毛の典型的な太さ（およそ0.07mm）よりも小さく、その全貌を見るには顕微鏡が必要です。ミドリムシは5億年以上前に原始の地球で誕生した生き物です。動物と植物の両方の特徴を持ったミドリムシは、淡水で育ち、和名では「ミドリムシ」ですが「ムシ」ではなくワカメやコンブと同じ「藻」の仲間です。光合成によって二酸化炭素を固定して成長するとき、油脂分を作り出すので、これはバイオ燃料の原料として利用可能です。特に、微細藻類の中でもミドリムシから抽出・精製されたオイルが軽質であるため、ジェット燃料に適していることが知られています。2021年にはプライベートジェット機でミドリム燃料の有用性が実証されています。

再エネ利用の合成燃料

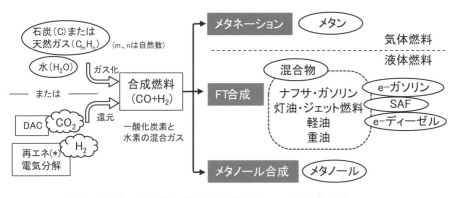

(*)再エネ由来の水素利用の場合、合成燃料はe-fuel と呼ばれます

e-fuel： イーフュエルElectrofuels（合成燃料）
FT合成： フィッシャー・トロプシュ（Fischer-Tropsch）合成
SAF： Sustainable Aviation Fuel（再生可能代替航空燃料）

ミドリムシを用いたバイオ燃料

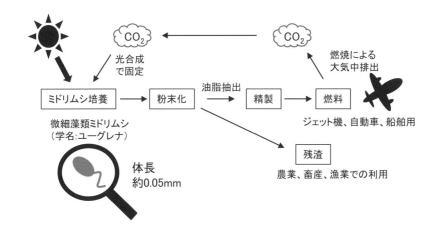

要点 DACで回収したCO_2と再エネ利用で製造した水素とから合成燃料をつくり、FT（フィッシャー・トロプシュ）合成でSAF（再生可能代替航空燃料）がつくれます。ミドリムシ（ユーグレナ）を利用したバイオジェット燃料の製造も行われています。

第 60 話

水素エネルギーサイクルの利用は?

東京オリンピックでは、環境にやさしい水素を燃料とした聖火が使われ、燃料電池バスが活用されました。その水素の特徴と製造法について考えてみましょう。

■水素の特徴と製造技術

水素は燃焼しても温室効果ガスが排出されません。いろいろなエネルギーを利用して製造することができ、しかも貯蔵することができる利点があります。しかし、水素を「脱炭素の切り札」とするためには、ほかの脱炭素エネルギー源を用いて水素を生成する必要があります。

水素製造は、①石油や天然ガスに含まれているメタンなどの炭化水素からの水蒸気改質、②石炭を蒸し焼きにしての炭化水素ガスの分解、③水の電気分解、④水の熱分解、⑤人工光合成での光触媒、などの方法があります（**上図**）。製造法①や②などの化石燃料の炭化水素ガスの分解法では、水素と同程度の二酸化炭素が排出されるので、脱炭素化には CCS などが必要となります。④で化石燃料の燃焼による熱を利用する場合も脱炭素にはなりません。一方、再生可能エネルギーによる電気を用いて③で製造される水素は脱炭素となり「グリーン水素」と呼ばれ、天然ガスからの「グレー水素」と区別しています（**コラム 4**）。

水素の課題の 1 つは価格です。現在、最も安価な水素製造方法は①です。国内で製造された水素の販売価格は $1m^3$ 当たりおよそ 100 円（1kg 当たり 1100 円）に設定しています。FCV の走行性能で比較するとハイオクガソリンと同等になります。2050 年にはこれを 20 円にすることをグリーン成長戦略の目標としています。

■水素輸送とエネルギーサイクル利用

水素エネルギーサイクルの活用方法として、太陽光や原子炉での熱や電気による水素生成と貯蔵、それを使っての燃料電池による電気利用が考えられています（**下図**）。原理的には水が排出されるだけで二酸化炭素が排出されない理想のエネルギーサイクルとなっています。

気体の水素はマイナス 253℃（マイナス 20K）に冷やして液化し、体積を 800分の 1 にすることができます。液体水素の状態でオーストラリアなどから日本に輸送されています。オーストラリアには「褐炭」と呼ばれる水分や不純物が多く含まれていて、国際的に取引されていない安い石炭が豊富にあります。現地でこの褐炭から水素（ブラウン水素）が取り出され、液化して船に積み込まれます。

水素の製造技術

①メタンの水蒸気改質

$$CH_4+H_2O+熱 \rightarrow 3H_2+CO \quad (1)$$
$$CO+H_2O \rightarrow H_2+CO_2 \quad\quad (2)$$
‒‒‒‒‒‒‒‒‒‒‒‒‒‒‒‒
$$CH_4+2H_2O+熱 \rightarrow 4H_2+CO_2$$

②石炭の蒸し焼き

$$C、O_2、H_2O+熱 \rightarrow H_2、CO、CH_4$$

③水の電気分解

陽極 $H_2O \rightarrow (1/2)O_2+2H^++2e^-$
陰極 $2H^++2e^- \rightarrow H_2$

④水の熱化学分解

$$H_2O+熱 \rightarrow H_2+(1/2)O_2$$

⑤人工光合成

$$H_2O+光 \rightarrow H_2+(1/2)O_2$$
$$H_2+CO_2 \rightarrow オレフィン（プラスチック原料）$$

水素エネルギーサイクルの活用

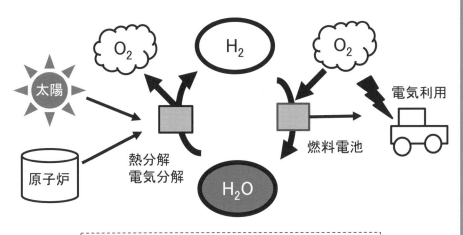

太陽 / 原子炉 / O_2 / H_2 / O_2 / 電気利用 / 熱分解 電気分解 / H_2O / 燃料電池

┌──────────────────────────────┐
再エネ電力　→　水素　→　燃料電池　→　電力
└──────────────────────────────┘

要点 水素は、化石燃料の水蒸気改質、水の電気分解か熱分解、人工光合成などの方法で製造されます。カーボンニュートラルの水素エネルギーサイクルでは、再生エネや原子力により水の熱分解や電気分解で水素を製造し、燃料電池で電気と水とを利用できます。

第 61 話

窒素サイクル利用は?

二酸化炭素の排出のない燃料として、水素以外ではアンモニアの窒素サイクルが利用できます。アンモニアの生成や輸送について考えてみましょう。

■アンモニアの生成

窒素化合物のアンモニアは医薬品や化学肥料などの重要な原料です。冷凍冷蔵庫の冷媒としても利用されており、現在、およそ100年前に欧州で開発された「ハーバー・ボッシュ法（HB法）」で工業的に合成されています。窒素分子の三重結合が極めて強固で安定なので、鉄を触媒として、高温（400〜600℃）、高圧（200〜1000気圧）の超臨界流体として、窒素と水素を直接反応させる方法です（**上図**）。ドイツのハーバーとボッシュの両氏はこの合成法でノーベル化学賞を受賞しています。

このHB法では、窒素分子の三重結合が極めて強固で安定なので、それを切断するために高温・高圧の大きなエネルギーが必要となります。また、現在、水素は主に石油や石炭、天然ガスなどの化石燃料から作られており、それに大量のエネルギーが必要なので、その過程で大量の二酸化炭素が発生してしまいます。そのため、HB法に代わる新たなアンモニア合成法が求められていました。

古くからは、高電圧放電法や石灰窒素法がありますが、最近は常温大気圧でのモリブデン錯体法も開発されてきています。

■アンモニアの利用

水素は温室効果ガスの排出しない次世代のエネルギーですが、貯蔵・運搬が困難であるとの課題があります。アンモニアによりは、この水素エネルギーを貯蔵することができます。アンモニア分子を分解すると多量の水素を発生でき、しかも10気圧の常温で液体になるので、燃料電池などの脱炭素化のエネルギー源である水素を運搬する物質として期待されています。

カーボンニュートラルに関連しては、二酸化炭素の排出がない専焼や混焼の火力発電燃料として開発・実証が進められています。「水素社会」と同時に、アンモニアを合成し利用する「アンモニア社会」に期待が集まっています。ただし、酸性雨、オゾン層破壊、光化学スモッグ、PM2.5 などの原因である窒素酸化物（NO_x、ノックス）が発生する問題点があります（**下図**）。

アンモニアの特徴と製造技術

特徴
　農産物の肥料や合成繊維の衣食の原料
　燃焼によるCO_2排出はゼロ（混焼火力発電）
　水素の液化貯蔵に活用（水素社会）

合成法

　ハーバー・ボッシュ法（1906年）
　　高温（400～600℃）、高圧（200～1000気圧）での鉄触媒の反応

$$N_2 \quad + \quad 3H_2 \quad + \quad エネルギー \quad \rightarrow \quad 2NH_3$$

　窒素ガス　　水素ガス　　　高温・高圧　　鉄触媒　　　アンモニア

　ほかの方法

　　高電圧放電法（1905年）
　　　窒素と酸素から一酸化窒素を経て硝酸をつくり還元して生成
　　石灰窒素法（1901年）
　　　炭化カルシウムから石灰窒素をつくりアンモニア合
　　モリブデン錯体法（常温大気圧）（2010年）
　　　ヨウ化サマリウムを還元剤、モリブデンを触媒として生成

アンモニアエネルギーの利用

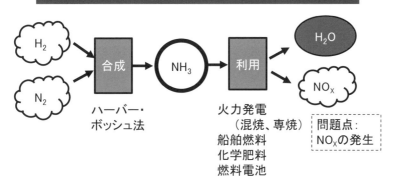

ハーバー・　　　　　火力発電
ボッシュ法　　　　　（混焼、専焼）
　　　　　　　　　船舶燃料　　　　問題点：
　　　　　　　　　化学肥料　　　　NO_xの発生
　　　　　　　　　燃料電池

第6章　カーボンニュートラルのリサイクル技術（炭素資源再利用）

要点　アンモニアは、窒素と水素とを高温・高圧で反応させる HB（ハーバー・ボッシュ）法で製造されます。アンモニアは水素のエネルギー貯蔵としても利用可能であり、燃焼により二酸化炭素の排出がないので、脱炭素アンモニア社会として期待が集まっています。

コラム6 水素の色はとりどり？（グリーン、ブルー、グレー、ブラウン）

　二酸化炭素は無色気体ですが、環境問題に関連して、便宜上、自然界で吸収・貯蔵される炭素を色で区別しています。

　陸上に存在するグリーンの森林などに蓄積される炭素を「グリーンカーボン」と呼びます。それに対して、ブルーの海で自然に炭素を吸収される炭素を「ブルーカーボン」と、2009年に国連環境計画（UNEP）により命名されています。脱炭素化社会を目指すためには、このカーボンの循環の把握が重要です（第❸話）。

　実際の炭素の色はブラックです。大気中を浮遊する微小粒子（エアロゾル）としての炭素の煤粒子は「ブラックカーボン」と呼ばれます。太陽光を吸収して大気を加熱したり、積雪地域や海水面に沈着して太陽光の反射率（アルベド）を下げたりすることで地球温暖化が促進されるので、近年注目されています。ただし、ブラックカーボンの大気中での寿命は二酸化炭素と比べて短いので、排出抑制による効果は早期に現れると考えられています。

　現在、脱炭素の次世代エネルギーとして水素が注目されています。しかし、水素製造時に多量の二酸化炭素を排出してしまうと意味がありません。水素ガスは無色透明ですが、その製造方法（第❻⓪話）から色で分類されています。

　脱炭素の太陽光などの再生可能エネルギーによる電気を用いて電気分解で製造される水素は、森林などの自然のグリーンのイメージで「グリーン水素」と呼ばれます。一方、化石燃料の方法（水の電気分解、または、天然ガスからの改質）で生成された水素は「グレー水素」です。石炭を改質してつくられる水素は「ブラック水素」、特に、褐炭からの水素を「ブラウン水素」と呼ばれます。メタンを直接熱分解して二酸化炭素ガスではなく固体の炭素を排出する場合には「ターコイズ（トルコ石）水素」と呼ばれます。化石燃料による生成ですが、CCSを併用して低炭素化した場合は「ブルー水素」と呼ばれます。脱炭素エネルギーとしての原子炉を利用しての電気分解や熱分解などによる水素製造もあります。その場合には、燃料として用いられる三酸化ウランが黄色いことに因んで「イエロー水素」と呼ばれます。

水素や炭素は虹色

第7章

カーボンニュートラルのアセスメント技術（炭素排出量算定）

二酸化炭素の排出量や削減量の評価のためのサプライチェーンの考え方を述べ、ライフサイクルアセスメントの手法やカーボンフットプリント制度について解説します。特に、排出量算定の例や、電源のライフサイクルアセスメントの比較結果を説明します。

第 62 話

サプライチェーン排出量とは？

二酸化炭素排出については、モノの使用時だけではなく、その原材料の調達から消費までの温室効果ガスの排出量は、どのように考えればいいのでしょうか？

■原材料をエンドユーザーまで

さまざまな機器は利用時だけではなくて、その機器が利用者の手元に届くまでの、材料調達、製造、在庫管理、配送、販売、消費といった一連の流れ（これをサプライチェーン、日本語では「供給連鎖」と呼びます）での二酸化炭素の排出に気を配る必要があります。この一連の二酸化炭素排出量をサプライチェーン排出量といいます。排出量の算定には、すべての排出量を合計する必要があります。温室効果ガス排出のライフサイクルアセスメントでは、このサプライチェーン排出量のほかに、商品の使用時および廃棄時の排出量を加えて評価されることになります。

■供給連鎖マネジメント（SCM）の利点

原材料の調達から消費者にわたるまでのサプライチェーンを最適化しようとする管理・経営を「サプライチェーンマネジメント（SCM）」と呼びます。1つの商品の供給のモノの流れ（供給チェーン）では、サプライヤー、メーカー、物量業者、小売業者などが順にかわっており、お金や情報の流れ（需要チェーン）では主に逆方向の伝達がなされます（**上図**）。企業間の壁を越えて情報を迅速にやり取りして、さまざまなコストを削減することが必要となってきています。これが SCM の目的です。サプライチェーン排出量を算定することは、カーボンニュートラルを進めるうえでも重要です。

■ SCM 導入によるメリットとデメリット

SC 管理を進めることでさまざまなメリットがあります（**下図**）。第1のメリットは在庫数の最適化など、管理が容易になることです。商品の過少在庫や納期の遅延、逆に大幅な過剰在庫などでは、コストが増大してしまいます。需要と供給の最適なバランスが可能です。第2は需要変動への迅速な対応が可能となることです。在庫に限らず、商品への要望などのさまざまな需要の変動に対して素早く対応することができます。第3は物流などのコストの削減が図れることです。最適な供給プロセスを構築することも可能です。デメリットとしては、導入時のコストが高いことや、さまざまな組織を超えた管理・経営が必要となることです。

サプライチェーン(SC)

SC：Supply Chain、供給連鎖

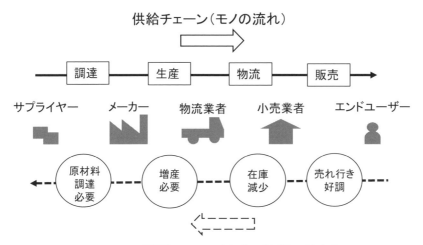

供給チェーン（モノの流れ）

| 調達 | 生産 | 物流 | 販売 |

サプライヤー　　　メーカー　　　物流業者　　　小売業者　　エンドユーザー

原材料調達必要　　増産必要　　在庫減少　　売れ行き好調

需要チェーン（お金、情報の流れ）

供給連鎖マネジメント(SCM)のメリット

SCM：Supply Chain Management、供給連鎖管理

○在庫数の最適化
○需要変動への対応
○物流コストの削減

×導入のコスト大
×組織を超えたマネジメント

> **要点** 二酸化炭素排出量の評価のためには、その商品の調達・生産・物流・販売などのサプライチェーン（供給連鎖）排出量を算定する必要があります。SCM（サプライチェーンマネジメント）により、在庫最適化や需要変動対応などが可能となります。

第 63 話 排出原単位のデータベースは?

サプライチェーン排出量の評価にはさまざまな排出原単位が記載されているデータベースが必要になります。これを用いて企業自体の環境経営を評価することもできます。

■二酸化炭素排出量の算出

一般的に、二酸化炭素の排出量は活動量と排出原単位とから計算します（**上図**）。例えば、電気使用に伴う二酸化炭素排出量の場合、活動量（kWh）と二酸化炭素排出原単位（カーボンインテンシティ、炭素強度）との積で算定できます。活動量の単位としてはさまざまな量が用いられますが、より一般的・簡易的に金額も用いられます。

企業全体で考えると、企業が排出する温室効果ガスの総排出量（二酸化炭素換算トン）を、その排出によって得られる売上高（100 万米ドル）で割った値は、企業の環境経営指数として考えることができます。これは、客観性が高く、作為的な影響を受けにくいため、ESG 指標の 1 つとして利用されています。

■自社での直接排出と上流・下流での間接排出

事業者による温室効果額の排出を考える場合には、自社での直接排出のほかに、他社から供給されるエネルギーの使用や事業者の活動に関連する他社による間接排出を裁定する必要があります。

サプライチェーン排出量は、物品の流れを考えて、上流から、自社、そして下流へのプロセスでの温室効果ガスの排出を合計する必要があります。これをスコープ（範囲の意味）1 から 3 までに分類して排出量を合算します（**下図**）。

自社では、燃料の燃焼や工業プロセスなどでの直接排出（スコープ 1）のほかに、他社からの電気などの使用にかかわる排出（スコープ 2）があります。上流では、原材料、資本財、輸送・配送などの間接排出を、下流では輸送、製品加工、製品使用、製品排気などの間接排出を考慮します。

特に、上流・下流のスコープ 3 の間接排出に関しては 15 項目に分類されており、算定しやすいようにさまざまな排出原単位データベースが環境省のホームページなどに整備されています。

企業評価の ESG 指標として重要なのは、自社に関連するスコープ 1 と 2 の合計です。一方、ある製品のサプライチェーンの検討には、スコープ 3 を含めたすべての排出量を合算する必要があります。

CO₂排出量の基本式

$$\boxed{活動量} \times \bigcirc{\!\!\!排出\\原単位} = \boxed{排出量}$$

（例）　電気使用量　　　1kWhあたりのCO_2排出量
　　　　　（kWh）　　　　　　（t-CO_2/kWh）　　　　　　CO_2排出量
　　　　貨物の輸送量　　　1tあたりのCO_2排出量　　　　（t-CO_2）
　　　　　（t・km）　　　　　（t-CO_2/t・km）
　　　　廃棄物の焼却量　　1tあたりのCO_2排出量
　　　　　（t）　　　　　　　（t-CO_2/t）

サプライチェーン排出量の計算

サプライチェーン排出量＝Scope1排出量＋Scope2排出量＋Scope3排出量

Scope1 ：事業者による温室効果ガスの直接排出（燃料の燃焼、工業プロセス）
Scope2 ：他社から供給された電気、熱・蒸気の使用に伴う間接排出
Scope3 ：Scope1、Scope2以外の間接排出（事業者の活動に関連する他社の排出）

上流　　スコープ3　その他の間接排出

　　　　①原材料、②資本財、③輸送・配送、④燃料およびエネルギー関連活動、
　　　　⑤廃棄物、⑥出張、⑦通勤、⑧リース資産

⇩

自社　　スコープ1　　自社による直接排出（燃料燃焼と工業プロセス）
　　　　スコープ2　　他社での間接排出（他社からの電気、熱・蒸気の使用）

⇩

下流　　スコープ3　その他の間接排出

　　　　⑨輸送・配送、⑩製品の加工、⑪製品の使用、⑫製品の廃棄、
　　　　⑬リース資産、⑭フランチャイズ、⑮投資

> **要点**　二酸化炭素排出量は、活動量に排出原単位を掛けて算定されます。上流→自社→下流のサプライチェーンで、スコープ1（自社の直接排出）、スコープ2（他社での間接排出）、スコープ3（15項目のその他の間接排出）のすべての排出量を合算します。

第64話

ライフサイクルアセスメントとは?

サプライチェーン(供給連鎖)のほかに、製品の使用・リサイクル・廃棄を含めたライフサイクル全体を把握し、その環境アセスメント(評価)が必要となります。

■産業連関表利用方式と投入資源積み上げ方式

ライフサイクルの各段階(調達・製造・使用・リサイクル・廃棄)での影響を、環境、経済、社会にわたって幅広く把握するアセスメント(評価)を「ライフサイクルアセスメント(LCA)」と呼びます。評価方法として、投入資源を積み上げる方式と産業連関表を利用する方式とがあります。ここで、産業連関表とは、世の中に存在する財やサービスを 400 種類にまとめて、その排出原価がまとめられている表です。

積み上げ方式のほうが高精度ですが、込み入った計算が必要になります。まず、活動の評価を物量で行うか金額で行うかを決め、物流の場合に正確な排出原単位があるかどうかを検討し、ない場合には産業連関表での同等の物品の排出原単位を利用します。最も簡易的な金額ベースの排出原単位を利用することもできます(**上図**)。

活動量はできるだけ物量ベースで評価する方法が推奨されます。取得金額ベースの場合には、調達物によっては為替や市況の変化により、同じ物量でも金額が大きく異なる可能性があるからです。特に、海外からの調達物や市況の変動が大きい調達物については物量ベースでの算定が適しています。

■輸送に関する燃料使用の排出量評価の例

温対法(地球温暖化対策の推進に関する法律)ではサプライチェーン排出量の算定、報告、そして公表する義務が定められています。一例として、物品の輸送に関連しての排出量算定ための排出原単位を**下表**に示します。トラックや飛行機などで消費される燃料の物量当たり(kℓ、t など)の発熱量(GJ)と発熱量当たりの炭素排質量(t)が与えられており、その値から物量当たりの二酸化炭素換算の排出原単位が得られます。ここで、炭素換算か二酸化炭素換算かに留意する必要があります。電気の場合には、電気使用量当たり(kWh)の二酸化炭素排出原単位が別途公表されており、これらの値を使って輸送に関する二酸化炭素排出量を算定することができます。そのほか、調達、生産、販売などの排出量を合計してサプライチェーン排出量が得られます。

CO₂排出量の算定方法

活動量の評価は、物量か金額か？
排出量算定は、産業連関表方法か、積み上げ方法か？

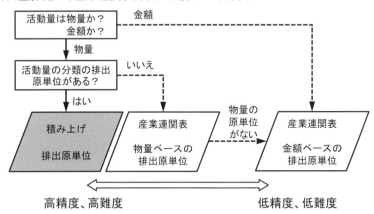

出典：https://www.env.go.jp/earth/ondanka/supply_chain/gvc/estimate_tool.html
サプライチェーンを通じた組織の温室効果ガス排出等の算定のための排出原単位データベース (Ver.3.1)

温対法算定・報告・公表制度における【輸送】に関する排出係数

CO₂排出量＝燃料使用量×単位発熱量[A]×排出係数[B]×44/12

44/12はC（原子量12）換算とCO₂（分子量44）換算との変換

燃料の種類	単位発熱量[A]		排出係数[B]		原単位（[A]×[B]×44/12）	
ガソリン	34.6	GJ/kℓ	0.0183	tC/GJ	2.322	tCO₂/kℓ
ジェット燃料油	36.7	GJ/kℓ	0.0183	tC/GJ	2.463	tCO₂/kℓ
軽油	37.7	GJ/kℓ	0.0187	tC/GJ	2.585	tCO₂/kℓ
液化石油ガス（LPG）	50.8	GJ/t	0.0161	tC/GJ	2.999	tCO₂/t
都市ガス	44.8	GJ/千Nm³	0.0136	tC/GJ	2.234	tCO₂/千Nm³
電気（東京電力）	—		—		0.447	kgCO₂/kWh

出典：燃料データは、上図の WEB サイトと同じ
　　　電気データは、電気事業者別排出係数（特定排出者の温室効果ガス排出量算定用）
　　　　　－ R2 年度実績－ R4.1.7 環境省・経済産業省公表　より

要点 具体的な排出量の計算は、投入資源の積み上げによる方法と、物量または金額ベースでの産業連関表に記された排出原単位を用いる方法があります。積み上げ方式が高精度ですが、金額ベースの産業連関表を使うのが簡易的で便利です。

第 **65** 話　排出量の算定例は?

　ここでは温室効果ガスの排出量算定のための排出原単位の具体的数値例を述べます。上流→自社→下流に分類してのスコープ1～3の値です。

■自社での排出量算定

　サプライチェーン排出量算定のスコープ1では、燃料の燃焼に伴う二酸化炭素の排出を計算します。ガソリン、灯油、都市ガスなどをどれだけ消費したかで、**上表**の排出原単位を用いて温室効果ガス（GHG）が計算されます。電気や産業用蒸気の場合も、消費した電気料やエネルギー量からスコープ2として算定可能です。

　電力に関しては、表では代表値を期しましたが、正確には、提出年度の「電気事業者別排出係数」を用いて計算されます。電力はどの会社から購入した電力なのか、再生可能エネルギー電力が含まれているのか、などに依存します。

■上流・下流での排出量算定

　上流では項目が①～⑧であり、下流は⑨～⑮に細分されています（第❻❸話）。

　上流の例として、④物品の輸送での排出原単位を**中表**に示します。活動量は、1tを1km移動させる活動量（トンキロ：t·km）が用いられています。鉄道による輸送が最も排出量が少なく、航空物流では鉄道・船舶の50倍近くのGHGが排出されてしまいます。⑥⑦従業員の出張や通勤での排出量は、旅費での金額（円）で算定されます。例えば、鉄道により出張した場合、電動列車の運転に必要な電気由来の二酸化炭素排出や、列車そのもののサプライチェーン排出量を、1人当たりの単位運転時間や単位運転距離にあわせて算定されています。この活動量をお金を単位としてカーボンインテンシティ（炭素原単位）として表します。

　下流の例として、⑫製品の廃棄・リサイクルでの排出原単位が**下表**に示されています。例えば、標準的な冷蔵庫の廃棄には1台当たり二酸化炭素が7kgほど排出されます。かつてのキャッチコピーとしての目標『1人1日1kgの二酸化炭素ダイエット』を想定した場合には、冷蔵庫1台の廃棄のみの排出量は1人1週間の脱炭素アクションの達成量に相当します。

　以上の上流から下流までのいろいろな排出原単位を用いて、各事業所でのGHGサプライチェーン排出量の算出が可能となります。

自社での排出量の算定例

スコープ1：
燃料燃焼

燃料の種類	排出原単位	
ガソリン	2.322	tCO_2/kl
軽油	2.585	tCO_2/kl
都市ガス	2.234	$tCO_2/千Nm^3$

スコープ2：
電気、蒸気の使用

エネルギー種	排出原単位	
電気（代表値）	0.453	$kgCO_2/kWh$
産業用蒸気	0.060	$kgCO_2/MJ$

上流での排出量の算定例

スコープ3：
④輸送

輸送機関	CO_2排出原単位	
鉄道	22	$gCO_2/t·km$
船舶	39	$gCO_2/t·km$
航空	1,490	$gCO_22/t·km$

スコープ3：
⑥⑦従業員の出張・通勤

交通区分		排出原単位	
旅客航空機	国内線	0.00525	$kgCO_2/円$
	国際線	0.00710	$kgCO_2/円$
旅客鉄道		0.00185	$kgCO_2/円$

下流での排出量の算定例

スコープ3：
⑫製品の廃棄
（リサイクル）

	廃棄物輸送含む リサイクル排出原単位		廃棄物輸送含まない リサイクル排出原単位	
廃油	0.011	tCO_2/t	0	(tCO_2/t)
廃プラスチック類	0.149	(tCO_2/t)	0.136	(tCO_2/t)
紙くず	0.021	(tCO_2/t)	0.011	(tCO_2/t)
金属くず	0.009	(tCO_2/t)	0	(tCO_2/t)
液晶・プラズマテレビ	0.003287	$tCO_2/台$	0.00289	$tCO_2/台$
冷蔵庫・冷凍庫	0.00729	$tCO_2/台$	0.00604	$tCO_2/台$
洗濯機・衣類乾燥機	0.002615	$tCO_2/台$	0.00186	$tCO_2/台$
エアコン	0.003026	$tCO_2/台$	0.00220	$tCO_2/台$

サプライチェーン排出量算定のためのデータベースや参考資料は、以下の環境省のホームページにあります。https://www.env.go.jp/earth/ondanka/supply_chain/gvc/estimate_tool.html

> **要点** サプライチェーン排出量の具体例として、自社での燃料燃焼（スコープ1）や電気の使用（スコープ2）による排出、上流での輸送（鉄道が最も排出量少ない）や通勤・出張による排出、下流での製品の廃棄・リサイクルによる排出、などの計算が可能です。

第7章 カーボンニュートラルのアセスメント技術（炭素排出量算定）

　電源構成の比較検討には、単位発電量当たりのコスト（発電単価）や二酸化炭素の排出量（カーボンインテンシティ、二酸化炭素原単位）が用いられます。

■電源別の二酸化炭素排出原単位

　単位発電量に対しての二酸化炭素排出の原単位（カーボンインテンシティ）は、石炭火力発電が最も高く、1時間で1kW当たり1kg近くです（**上図**）。このうち、9割近くが燃料燃焼による排出です。LNG（液化天然ガス）での火力発電では石炭の6割近くです。複合発電ではエネルギー効率が向上して、石炭の5割ほどです。再生可能エネルギーや原子力での発電では、燃料燃焼に伴うに二酸化炭素排出がなく、カーボンインテンシティは低い値です。特に、水力や地熱発電では設備利用率が高いので、発電量当たりの炭素排出量が1kWh当たり10gほどになっています。PWRやBWRでの原子力発電では20g／kWhほどであり、脱炭素化にとって重要な電源です。太陽光発電では太陽電池の製作プロセスでの二酸化炭素排出量が大きく、原子力の2倍の20g／kWhほどになっています。

■電源別の発電単価

　発電の経済性比較では、稼働期間内での総発電電力量を、発電所の建設から運転・廃止までの総価格で割った発電単価を算定する必要があります。総価格には、資本費、運転維持費、燃料費に、事故リスク対策費、政策経費、環境対策費（炭素税など）などが含まれています。

　電力会社の電気料金は、基本料金を除くと1kWの1時間当たり20円ほどです。2030年度での予測値（**下図**）では、石油火力、洋上風力やマイクロ水力が高価であり、一般水力や原子力が比較的安価です。石炭火力は資本費は2円、燃料費は5円ですが、二酸化炭素対策費の4円が加わって13円ほどになっています。石油火力は燃料費だけで19円ほどで非常に高価であり、現状では発電の割合が減ってきています。太陽光は現状では2030年予測図の値の1.5倍ほどですが、2030年以降では、さらなる低減が期待されています。

　コスト、二酸化炭素排出のほかに、エネルギー資源利用に関連してのエネルギー利得（EPR、エネルギー・ペイバック・レイシオ）も含めて、ライフサイクルアセスメントとして、これまで総合的に評価されてきています。

各種電源の二酸化炭素排出原単位

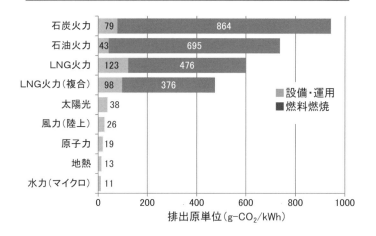

凡例:
- 設備・運用
- 燃料燃焼

電源	設備・運用	燃料燃焼
石炭火力	79	864
石油火力	43	695
LNG火力	123	476
LNG火力（複合）	98	376
太陽光	38	
風力（陸上）	26	
原子力	19	
地熱	13	
水力（マイクロ）	11	

排出原単位（g-CO₂/kWh）

各種電源の発電単価

二酸化炭素排出原単位（上図の大きい順に記載しています）
2030年度の予測

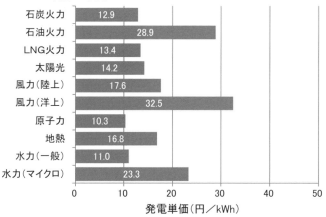

電源	発電単価（円／kWh）
石炭火力	12.9
石油火力	28.9
LNG火力	13.4
太陽光	14.2
風力（陸上）	17.6
風力（洋上）	32.5
原子力	10.3
地熱	16.8
水力（一般）	11.0
水力（マイクロ）	23.3

発電単価（円／kWh）

データの出典：長期エネルギー需給見通し小委員会に対する
発電コスト等の検証に関する報告（平成27年4月）

要点 電源別の二酸化炭素排出原単位と発電単価が比較できます。電力量 kWh 当たりの排出量は、石炭では 943g ですが、LNG 火力（複合）では 474g であり、太陽光は 38g、原子力が 19g です。2030 年予測の発電単価にも留意する必要があります。

第 67 話

カーボンフットプリントとエコリーフとは？

　製品のライフサイクルにわたり排出される二酸化炭素量はカーボンフットプリントと呼ばれていましたが、現在は多様な評価のエコリーフに統合されています。

■カーボンフットプリントとその後

　カーボンフットプリント（CFP）は、直訳すると「炭素の足跡」であり、CFPは英語の Carbon Footprint of Products の略称です。商品やサービスの原材料の調達から生産、流通過程を経て、使用・維持管理、そして、最後に廃棄・リサイクルに至るライフサイクル全体を通して排出される温室効果ガスの排出量を二酸化炭素量に換算して、気候変動に対する環境負荷を把握します。この定量的な算定には、ライフサイクルアセスメント（LCA）の手法を用います。

　オレンジジュースを具体例として、独自のマークとしての CFP を表示した場合を**上図**に示します。原材料調達から、生産、流通、使用、廃棄などでの 1 本当たりの二酸化炭素排出量をすべて合計して製品の CFP を算定します。CFP を表示（CFP 宣言）するには、認定申請を行い合格した場合にのみ、製品について CFP 宣言公開が可能でした。このプログラムは 2020 年 3 月末にすでに終了しており、公開は 2025 年 3 月末までとされています。

■エコリーフ環境ラベルプログラムへの統合

　この気候変動に関する「カーボンフットプリント」は、2020 年に多面的な環境情報を評価するための「エコリーフ」と統合されて「エコリーフ環境ラベルプログラム」として推進されています。

　CFP では温暖化負荷に関する二酸化炭素排出のみの表示でしたが、エコリーフでは、製品の環境情報として、ライフサイクル全体の温暖化負荷（二酸化炭素換算）、酸性化負荷（二酸化硫黄換算）、エネルギー消費量（メガジュール）など複数の主な環境情報が複数ページでわかりやすく表示されています（**下図**）。結果をある基準に従って合否判定することはなく、客観的な情報やデータの公開にとどめ、その評価は読み手に委ねられます。ISO 準拠のタイプⅢ型ラベルは多岐にわたる定量的データを複数ページで公開する構成であり、「環境」を示す「エコ」と、「ページ」および「葉」の両方の意味を持つ「リーフ」を組み合わせた名前としています。家電機器、自動車、事務用品など、さまざまな製品の環境情報が公開されています。

CFPプログラム参加マークの例

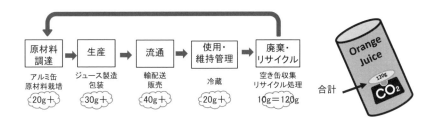

原材料調達	生産	流通	使用・維持管理	廃棄・リサイクル
アルミ缶原料料栽培	ジュース製造包装	輸配送販売	冷蔵	空き缶収集リサイクル処理
20g＋	30g＋	40g＋	20g＋	10g＝120g

Orange Juice 120g CO₂ 合計

エコリーフ環境ラベル

宣言の種類	エコリーフ	CFP
運用期間	2020年4月より 移行期間：2017年4月より3年間	2012年4月より2020年3月まで 表示期間：2025年3月まで
ロゴ	ECO LEAF 製品環境情報	CO₂
対象影響領域	複数（3つ以上を開示） 例・気候変動 ・酸性化 　　・富栄養化 ・資源消費など	単一 ・気候変動のみ
宣言のカテゴリ	タイプⅢ環境宣言（EPD）	CFP宣言
特徴	・気候変動情報を含め包括的に製品ライフサイクルを評価 ・海外におけるマルチクライテリア（複数影響領域）に対応	・最も注目される地球温暖化へのインパクトに対応し、ライフサイクル全体の簡潔な環境負荷表示

ISOタイプⅢ環境ラベル： 製品の環境負荷の定量的データの表示ラベル（合否の判定なし）
（参考）タイプⅠ：基準に基づいた第三者認証による環境ラベル（合否判定あり、エコマークなど）
　　　　タイプⅡ：組織の自己宣言による環境表示

EPD: Environmental Product Declaration　環境製品宣言
CFP：Carbon Footprint of Products　製品のカーボンフットプリント

出典：https://ecoleaf-label.jp/
一般社団法人サステナブル経営推進機構（SuMPO）

要点 一つの製品の原料・生産から使用・廃棄までの一連の二酸化炭素排出量が、カーボンフットプリントとして計算でき、商品ラベルとして「見える化」もされてきました。現在は国際基準のEPD（環境製品宣言）としてのエコリーフに統合されています。

プラント肉はエコか？
（牛のゲップと人間の呼吸）

　　ハンバーガーやフライドポテトは健康に良くないジャンクフードと揶揄される場合がありますが、品質に留意しサラダなどを添えて美味しく健康的に食することも可能と考えられます。かつては健康志向から牛肉に変えて植物由来の肉（プラントミール）が選ばれていましたが、現在では健康志向と環境志向の両面からプラントミールが選ばれています。

　　ハンバーガーのパテに使われる代替肉は、エンドウ豆や米、ジャガイモなどから作られますが、マクドナルドやバーガーキングやなどでメニューに取り入れています。植物（プラント）由来の材料のみを用いたミートボールやカツなどの「プラントベースフード」は、スウェーデン発祥のイケアでも販売されています。国内でチェーン展開している飲食店やスーパー、コンビニエンスストアなどでも、PB（プライベートブランド）商品として大豆などを主原材料とした代替肉を使った商品を提供しています。

　　牛などの家畜から排出される温室効果ガスが、地球温暖化の要因の 1 つとなっています。牛は反芻動物であるため、消化の過程でメタンガス（地球温暖化係数 25）を排出します。また、牛に与える飼料の生産に用いられる大量の肥料の生産時に一酸化二窒素（同 298）を排出します。さらに、牛の放牧や飼料の生産のための森林伐採によって、CO_2 の排出量も増加します。国連食糧農業機関（FAO）によると、畜産は世界の温室効果ガス排出量の 14％であり、牛はその約 3 分の 2 を占めています。

　　実は、人間の呼吸による二酸化炭素の増加も無視できません。成人 1 人当たりの標準代謝エネルギーが約 2000kcal ／日なので、1 日の呼吸による二酸化炭素排出量は平均で約 1kg です。世界の人口はおよそ 80 億人であり、総人口の呼吸による 1 年間の二酸化炭素排出量はおよそ 30 億 t となります。2021 年のエネルギー起源の二酸化炭素排出量は 360 億 t なので、比較して 1 割弱となります。人間や動物は食物を摂取して生きており、その食物はもともと植物起源で生態系の炭素循環に由来するので、ゼロバランスと考えることができます。実際には、人間の食物は動物の食物と違い、10 倍程度のエネルギー付加価値のある食物なのでゼロバランスとはなりませんが、その分はエネルギー起源の二酸化炭素で算定されています。

牛のゲップ　　　　人間の呼吸

148

第8章

カーボンニュートラルの日本の取組み（脱炭素国内政策）

日本で 2050 年にカーボンニュートラルを達成するための政府でのグリーン成長戦略、FIT から FIP 制度、地方自治体でのゼロカーボンシティ宣言、企業での国際的な脱炭素の取組み、そして、個人でのゼロカーボンアクションの推進についてまとめます。

第**68**話 2050 年に達成?

　国内の温室効果ガスの削減はパリ協定時に表明し、2020 年には「2050 年カーボンニュートラル」を宣言していますが、どのように達成するのでしょうか?

■パリ協定からカーボンニュートラル宣言へ

　日本の温室効果ガスの削減目標の変遷について考えてみましょう（**上図**）。2015年のパリ協定採択時において、政府（当時の安倍内閣）の公式目標は、2030 年には 2013 年度比で総量の「26%減」でした。そして、非公式目標でしたが 2050年度は 80%減が掲げられていました。化石燃料に頼っている日本の実情を考えると、これは非常に野心的に見えました。

　これを菅内閣時代の 2020 年には、2030 年の排出量を 2013 年度比で「46%減」、2050 年には実質的に 100%削減としています。いわゆる「2050 年カーボンニュートラル」の宣言です。岸田内閣でも、この 2050 年のカーボンニュートラルに向けてのさまざまな取組みが試みられています。

■脱炭素化の予測

　日本では、国として、2050 年カーボンニュートラルのために、「地域脱炭素ロードマップ」にて対策・施策を示しています。また、2021 年 3 月に「地球温暖化対策推進法」を一部改正して、2050 年までのカーボンニュートラルを明記しています。地方創生につながる再エネ導入を促進すると同時に、ESG 投資にもつながる企業の温室効果ガス排出量情報のオープンデータ化を進めています。

　カーボンニュートラルを実現するためには、まず温室効果ガスの排出総量を大幅に削減することが重要です（**下図**）。2020 年にはエネルギー起源の GHG 排出のうち、非電力の部分は 50%近くあり、これをできるだけ電力化、水素化、バイオ化して、しかも、GHG 排出がゼロまたは少ない脱炭素電源を利用します。非エネルギーの GHG は 7%あり、このリサイクルを進めます。削減が難しい排出分を埋め合わせるためには、植林を進め、光合成で使われる大気中の二酸化炭素の「吸収」を増やします。または、二酸化炭素を「回収」して「貯留」する「CCS」技術を利用し、「DACCS」や「BECCS」などにより、大気中の二酸化炭素を回収して貯留する「ネガティブエミッション技術」を活用することで、カーボンニュートラルの達成が期待されています。

日本の温室効果ガス（GHG）の削減目標

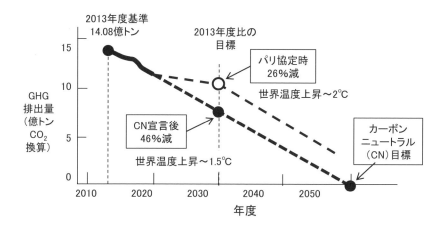

温室効果ガスの排出と吸収・除去の目標

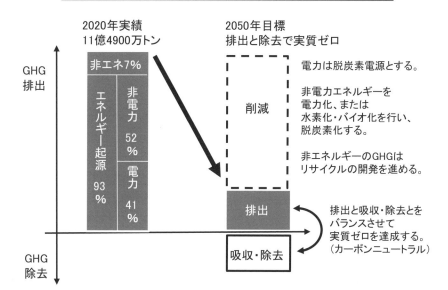

要点 日本は「2050年カーボンニュートラル」を宣言しています。パリ協定当初は2030年には2013年比で26%削減予定でしたが、46%削減まで率を上げています。脱炭素電力化や水素化などと同時に、二酸化炭素吸収・除去の技術開発が必要となってきています。

第8章 カーボンニュートラルの日本の取組み（脱炭素国内政策）

第 69 話

日本の現状は？

日本の 2030 年度の GHG 排出目標は、13 年度比で 26％減から 46％減に引き上げられています。日本の現状はどのようになっているでしょうか？

■ 日本の二酸化炭素排出量は世界の 3％

我が国は、現在、年間で 12 億 t を超える温室効果ガスを排出しており、世界の排出量の 3.2％であり、中・米・印・露についで 5 番目に相当します。カーボンニュートラルとは、2050 年までにこれを実質ゼロにすることです。省エネルギーを前提に、再生可能エネルギーや原子力、さらに、多様なエネルギー源の活用と供給体制の確保が重要となってきています。

■ 2030 年度の電源構成予測

エネルギー起源の GHG の削減のためには、エネルギー利用の脱炭素化電源での電力化を進めることです。政策の指針となる「エネルギー基本計画」は、エネルギー政策基本法に基づき、2003 年から最低 3 年ごとに見直し・改定が行われてきました。現在の主力電源のエネルギーは天然ガスです。「第 6 次エネルギー基本計画」（2021 年 10 月）では、再生可能エネルギーを「主力電源」と位置づけ、2030 年度目標として総発電量に占める比率を 2015 年策定の「長期エネルギー需給見通し」での「22 〜 24％」から「36 〜 38％」へと引き上げられています。

原子力は、2013 年の震災以前では 25％でしたが、事故の影響で 2020 年では 4％です。2030 年の目標は 20 〜 22％に据え置かれています。「可能な限り依存度を低減する」という以前の計画の表現を踏襲しつつ「必要な規模を持続的に活用していく」としています。新たに水素・アンモニアを約 1％加えて、非化石電源合計を 44％から 59％に高める案です（**上図**）。ここで総発電量は、旧来 1 兆 650 億 kWh であった値を、高効率化・省エネ化により 9300 〜 9400 億 kWh に抑える目標値です。また、化石電源の合計は 41％（旧目標は 56％）のうち、天然ガスは約 20％（同 27％）、石炭は約 19％（同 26％）、石油は約 2％（同 3％）としています。

再エネの電源構成の内訳（**下図**）としては、2020 年では水力と太陽光が主力でいずれも全体の 8％ですが、2030 年での目標は、太陽光は約 15％、風力は約 6％、水力は約 10％、そして、バイオマスは約 5％であり、合計 36 〜 38％の野心的な計画です。

日本の電源構成と予想

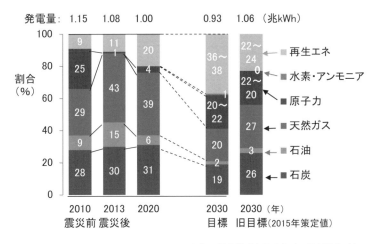

発電量： 1.15　1.08　1.00　　0.93　1.06　（兆kWh）

割合（％）

- 再生エネ
- 水素・アンモニア
- 原子力
- 天然ガス
- 石油
- 石炭

2010　2013　2020　　2030　2030（年）
震災前　震災後　　　　目標　旧目標（2015年策定値）

出典：経産省「令和2年度（2020年度）
エネルギー需給実績（確報）」（2022年4月）

再生可能エネルギー電源構成の内訳

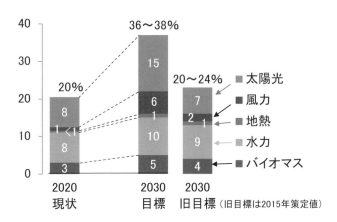

- 太陽光
- 風力
- 地熱
- 水力
- バイオマス

2020　2030　2030
現状　目標　旧目標（旧目標は2015年策定値）

出典：経産省「エネルギー基本計画の概要」（2021年10月）

要点 現在の日本の電源構成は、天然ガスと石炭で7割近くです。これを、2030年での目標として、再生可能エネルギーで4割弱、原子力で2割強、そして天然ガスで2割の計画です。特に、再エネ電源として太陽光と洋上風力発電に期待が集まっています。

第 70 話

FIT から FIP へ?

　再生エネの促進のための制度として FIT がありますが、買取価格が市場に連動する FIP 制度へと変更されてきています。ドイツでは 2014 年に変更されています。

■ FIT 制度

　再生可能エネルギーの促進のために、日本では、「電気事業者による再生可能エネルギー電気の調達に関する特別措置法」(略称:再エネ特措法、FIT 法)が 2012 年に開始されました。FIT(フィードイン・タリフ、直訳は供給・関税)とは固定価格買取りの制度であり、電力会社に再生可能エネルギーによる電力を固定価格で買い取ることを義務づけています。買取りの費用は、国民全員で負担する制度であり、対象は、太陽光(住宅用 10kW 未満、事業用 10kW 以上)、風力、中小水力(30kW 未満)、地熱、バイオマスからの電力です。例えば、1kWh の太陽光の売電単価(買取単価)は、事業用では制度開始時の 2012 年には 40 円でしたが、24 円(16 年)から 13 円(20 年)、11 円(22 年)へと推移しています。住宅用も 42 円(12 年)、26 円(16 年)、21 円(20 年)、17 円(22 年)と推移しています。買取価格の固定は家庭用で 10 年間、事業用で 20 年ですが、運転開始までの猶予期間は、家庭用で 1 年、事業用で 3 年です。ほかの FIT 価格の推移も**下図**に示しました。

■ FIP 制度

　10 年が経過した 2022 年 4 月から FIP 制度が導入されています。FIP とはフィードイン・プレミアム(直訳:フィードインは供給、プレミアムは補助金)の略称であり、発電事業者が FIT 制度のように固定価格で再エネ発電者から買い取るのではなく、再エネ発電事業者が卸市場などで売電したときの売電市場価格をベースに、①一定の割増金(プレミアム)を加えた額(FIP 価格)で買い取る制度です。市場基準価格に基づく②変動型プレミアム制度もあります(**上図**)。

　プレミアム分は電気使用者から徴収する賦課金でまかなわれますが、FIT 制度と比べると FIP 制度での課金は比較的少ない額になり、国民の負担も小さくなります。

　なお、欧州と異なり、日本は島国で隣国からの電力の輸入は不可能なので、スペインやドイツのような急激な脱炭素政策はせず、段階的な政策が望まれています。また、再エネの拡大とともに蓄電装置の開発など出力の不安定さをカバーする取組みも不可欠となっています。

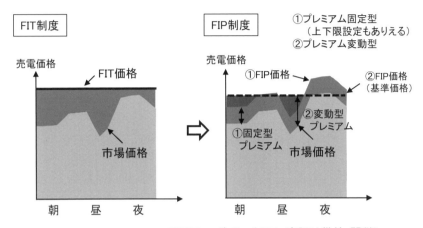

FITとFIPの違い

FIT制度

売電価格

FIT価格

市場価格

朝　　昼　　夜

FIP制度

①プレミアム固定型
　（上下限設定もありえる）
②プレミアム変動型

売電価格

①FIP価格　　②FIP価格
　　　　　　　　（基準価格）

②変動型
プレミアム

①固定型
プレミアム

市場価格

朝　　昼　　夜

FIT（フィードイン・タリフ、直訳は供給・関税）
FIP（フィードイン・プレミアム、直訳は供給・補助金）

FIT価格の推移

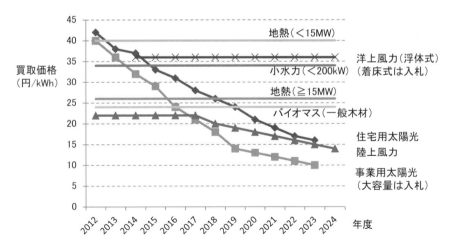

出典：経産省　調達価格等算定委員会の資料より筆者作成

要点　再生可能エネルギーの促進政策として、FIT（固定価格買取り）制度が太陽光発電の大幅
な普及に機能してきました。2020年4月からは市場価格に割増金を追加するFIP制度へ
の移行が図られています。

第 **71** 話　ウィズコロナ・ポストコロナの社会は？

　コロナ禍による経済や環境への影響は小さくありません。さらに、ロシアによるウクライナ侵攻などの緊急課題に対応しながら、気候変動対策が求められています。

■パンデミックの歴史と新型コロナ

　人類と大規模な感染症の世界的大流行（パンデミック）との戦いは歴史上幾度とありました（**上図**）。14世紀にヨーロッパで大流行した肌が黒くなって死に至る黒死病（ペスト）が典型例です。ヨーロッパでは人口の3分の1以上の人々が亡くなったといわれています。さらに、16世紀に天然痘（疱瘡、痘瘡）の新アメリカ大陸での流行があり、20世紀初めに世界規模で流行したスペイン風邪もありました。ちなみに、人類が撲滅できた感染症は、唯一天然痘だけであり、1980年にWHOが天然痘根絶宣言を行っています。これらの過去のパンデミックと比較しても、現代の新型コロナウイルスの世界的流行が及ぼす経済的影響は非常に大きいと考えられています。

■生活様式変革、技術革新とさらなる課題

　新型コロナ禍により経済活動が停滞し、各国のGDP（国内総生産）は低減して、二酸化炭素排出も減少していましたが、2021年には逆に増加し、過去最大を更新しています。コロナ禍のパンデミックで落ち込んでいた経済を回復させるために、中国などで石炭火力発電が増えたためです。加えて、2022年2月のロシア軍によるウクライナ侵攻の影響は深刻です。西側先進諸国では天然ガスから石炭火力への回帰を余儀なくさせかねないだけでなく、エジプトで予定されているCOP27で西側諸国、ロシア、中国、インドを含む国際的な排出削減の枠組みを維持できるか不透明になってきています。今後のポストコロナでの経済回復のためのGHG増加が危惧されています。

　現在、DX（デジタルトランスフォーメーション）としてのデジタル化の技術イノベーションにより、生活様式や経営方策の変革がなされてきています。社会・経済の原動力としてのCN（カーボンニュートラル）とSDGs（持続可能な開発目標）もさまざまな場面で、ウィズコロナ、ポストコロナでのレジリエント（回復力のある）でサステナブル（持続可能）な社会を目指しての生活様式の変革を引き起こしています（**下図**）。今後、「脱炭素社会」「循環経済社会」「分散型社会」への着実な移行が進められていくと予想されています。

パンデミックと経済的影響

感染症のパンデミック （世界的大流行）	死亡率 （全人口比）	GDP減少
黒死病（ペスト）（1331～53年）	35.1%	―
天然痘（1520年）	1.4%	―
スペイン風邪（1918～20年）	3.5%	－3.0%（1919年）
新型コロナ（2019年～）	0.08%（＊）	－6.2%（2020年）

注：GDPは日米欧主要国の実質GDP変化率。スペイン風邪は第一次世界大戦の影響あり。
（＊）　0.06億人死亡/78億人＝0.08%（2022年4月現在）

出典：総務省　情報通信白書令和3年版（2021）
図表2-1-2-2、最新データに修正

ライフスタイルの変革と技術イノベーション

レジリエント（回復力のある）でサステナブル（持続可能）な社会をめざして

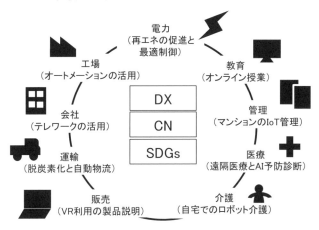

DX（デジタル・トランスフォーメーション）：　デジタル技術での生活様式の変革
CN（カーボン・ニュートラル）：　炭素中立
SDGs（エス・ディ・ジーズ）：　持続可能な開発の目標

> **要点**　歴史的には、ペストや天然痘のパンデミックにより多数の死者が出ました。現代の新型コロナでもおよそ1000人に1人が死亡し、経済や環境に影響がでています。ウイズコロナやポストコロナでの生活様式の変革が求められています。

第 72 話

産業政策「グリーン成長戦略」とは?

ゼロカーボンを目指す方策として、第一に国の政策、第二に地方自治体、第三に企業、そして、第四が個人です。政府の政策の1つとして、グリーン成長戦略があります。

■カーボンニュートラルへの道すじ

政府のカーボンニュートラル宣言を受けて、地球温暖化対策計画、エネルギー基本計画、パリ協定に基づく成長戦略としての長期戦略などの見直しがされています。

2050年までに温室効果ガスの排出実質ゼロを目指すためには、電力部門の脱炭素電源への完全な移行と、非電力部門の電力化や水素・メタノール・バイオ化が提唱されています。他方、植林やCCSなどによる炭素除去策の促進も必要になります。

■グリーン成長戦略

国内では、経済産業省を中心として、2020年12月に「2050年カーボンニュートラルに伴うグリーン成長戦略」が設定され、産業政策・エネルギー政策の両面から、成長が期待される14の重点分野が選定されました (**表**)。2050年には再生可能エネルギーを最大限導入して、発電量の50%以上に拡大しようとする政策です。経済効果は、30年には90兆円、50年には190兆円と試算されています。特に、「洋上発電」「水素」「原子力」「自動車・蓄電池」での政府支援策が盛り込まれています。

エネルギー関連産業では、再生エネの主力電源として期待されている「洋上風力発電」では、2030年までに1000万kWで、発電単価として9円以下を目指し、2050年には通常の原発の45基に相当する4500万kWの最大発電容量としています。「水素」は消費量が2030年には300万t、2050年には2000万tが発電、製鉄、運輸分野で利用されることを目指しています。「原子力」は可能な限り依存を減らすものの、現有設備を最大限有効利用し、新型の小型原子炉の開発を欧米と連携して推進していきます。50年には核融合炉の実証段階とします。

輸送関連産業では、「自動車・蓄電池」「航空機」に関しては、2030年代半ばには新車販売を燃料電池車(FCV)を含めた電動自動車(EV)に100%切り替え、2040年にSAF(代替航空燃料)の供給拡大が進み、2050年には次世代の蓄電池の実用化も図りたいとしています。

家庭・オフィス関連産業では、2030年には新築住宅はZEH(ネットゼロエネルギーハウス)が標準となることを目指しています。

グリーン成長戦略の14の重点分野と目標

■エネルギー関連産業

①洋上風力・太陽光・地熱産業

2030年　洋上風力　1000万kW、8〜9円/kWh
　　　　太陽光　次世代型14円/kWh
2040年　洋上風力　浮体式含め3000万〜4500万kW

②水素・燃料アンモニア産業

2030年　水素　300万t
　　　　アンモニア　石炭火力20%混焼の導入
2050年　水素2000万トン程度、20円/Nm³$^{(*)}$

③次世代熱エネルギー産業

2050年　ガス供給既存インフラで合成メタン90%注入

④原子力産業

2030年　SMR技術実証、高温ガス炉水素製造技術確立
2050年　核融合炉実証フェーズ

（＊）N（ノルマル）は0℃1気圧の標準状態

■輸送・製造関連産業

⑤自動車・蓄電池産業

2035年　乗用車新車販売100%電動化

⑥半導体・情報通信産業

2030年　DX市場24兆円達成
2030年　データセンターサービス市場3兆円

⑦船舶産業

2028年以前　ゼロエミッション船の商業運航

⑧物流・人流・土木インフラ産業

2030年　バイオマス由来素材製品の普及

⑨食料・農林水産業

2040年　高層木造技術の確立
2050年　農林水産業のCO_2ゼロエミッション化を実現

⑩航空機産業

2040年　SAF（代替航空燃料）の供給拡大

⑪カーボンリサイクル・マテリアル産業

2050年　バイオ化学品の商用拡大

■家庭・オフィス関連産業

⑫住宅・建築物・
　次世代電力マネジメント産業

2030年　新築住宅（ビル）はZEH（ZEB）標準

⑬資源循環関連産業

2030年　バイオプラスチック〜　200万t導入

⑭ライフスタイル関連産業

2050年　カーボンニュートラルで、
　　　　レジリエントで快適なくらし

 要点　2050年のカーボンニュートラルの達成は容易ではありません。そのための経済政策の一つとしてグリーン成長戦略が実施されています。洋上風力・太陽光産業、自動車・蓄電池産業、ZEH・ZEB産業などへの政府支援が行われています。

第73話 カーボン規制策は？

温室効果ガスの排出を抑制・緩和するための日本での典型的な政策として、環境税（地球温暖化対策税）と排出量取引の制度があります。

■環境税

我が国で排出される温室効果ガスの約9割は、エネルギー利用に由来する二酸化炭素（エネルギー起源 CO_2）であり（第⑯話）、この二酸化炭素量に対して平等に課税されています。この「地球温暖化対策税」の具体的なしくみとしては、石炭・石油・ガス（LPG、LNG）などのすべての化石燃料の利用に対し、二酸化炭素排出の環境負荷に応じて広く薄く公平に国民に負担を求める制度です。化石燃料ごとの二酸化炭素排出原単位を用いて、それぞれの二酸化炭素排出量1tに対して289円の温暖化対策税が、従来税に上乗せされています（**上図上方**）。単位量（kℓまたはt）当たりの税率に書き換えることもできます（**上図下方**）。急激な負担増を避けるため、税率は2012年（排出量1t当たり95円）、2014年（190円）、2016年（289円）と4年近くかけて引き上げられてきました。税の収入はエネルギー起源の二酸化炭素排出抑制策に使われてきています。これは、一種の「炭素税」に相当しますが、欧州（排出量1t当たりスウェーデンの1万4400円、フランスの5500円など）に比べて税率が非常に低いので、今後の検討課題となっています。

■排出量取引

国内排出量取引制度は「キャップアンドトレード制度」とも呼ばれており、企業に温室効果ガスの排出枠としての限度（キャップ）を設け、余剰排出量や不足排出量を排出枠として取引（トレード）することを認める制度です。エミッション・トレードとも呼ばれています。

具体的な排出量取引のイメージが**下図**に示されています。A社が、国で定められた排出枠を超えて二酸化炭素量を排出せざるをえない場合に、その不足分の枠を、実排出が排出枠に満たないB社からの余剰分枠を購入して埋め合わせることができる制度です。排出量を単純に直接規制するのと異なり、余剰の排出枠を売買することにより、排出削減に努力している企業ほどメリットがあるという経済的システムになっています。また、炭素への価格づけ（カーボンプライシング）を行うことで、経済的に効率の良い排出削減ができるようになります。

現在の地球温暖化対策税

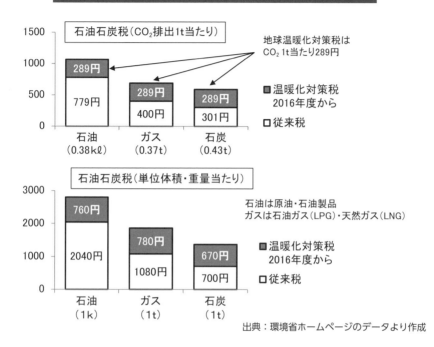

石油石炭税（CO$_2$排出1t当たり）

地球温暖化対策税は
CO$_2$ 1t当たり289円

■ 温暖化対策税
2016年度から
□ 従来税

	石油（0.38kℓ）	ガス（0.37t）	石炭（0.43t）
289円	779円	400円 289円	301円 289円

石油石炭税（単位体積・重量当たり）

石油は原油・石油製品
ガスは石油ガス（LPG）・天然ガス（LNG）

■ 温暖化対策税
2016年度から
□ 従来税

	石油（1k）	ガス（1t）	石炭（1t）
760円	2040円	780円 1080円	670円 700円

出典：環境省ホームページのデータより作成

国内排出量取引のイメージ

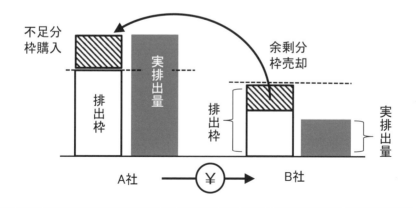

不足分
枠購入

実排出量

余剰分
枠売却

排出枠

排出枠

実排出量

A社　　　¥　　　B社

> **要点** 温室効果ガス規制のために、日本の炭素税に相当する地球温暖化対策税では、二酸化炭素1t当たり289円であり、西欧諸国に比べて低い水準です。国内排出量取引による規制も行われています。

第74話 ゼロカーボンシティ宣言とは?

　第一に国での施策に対して、第二に地方自治体での取組みが重要になってきています。典型的な例として、ゼロカーボンシティ宣言があります。

■地方自治体での事業

　2050年までにカーボンニュートラルを目指すとした宣言を、各自治体が表明できます。環境省は2021年度から「ゼロカーボンシティ」を宣言した地方公共団体(これをゼロカーボンシティ宣言都市といいます)への支援を強化することを発表しています。具体的な支援としては、電気を自給できるエリアの整備、新電力会社設立に向けた人材確保および育成などの優先的支援、再エネ導入の際の優先的支援などがあります。現在(2022年5月末)では、東京都・京都市・横浜市を含む702自治体が宣言を表明しています(上図)。

■国が選んだSDGs未来都市

　日本では2008年より、持続可能な経済社会実現に向けて「環境モデル都市」と「環境未来都市」が選定されてきました(下図)。環境モデル都市とは、地域資源を最大限に活用し、低炭素化と持続的発展を両立する都市であり、環境未来都市とは、これに加えて、環境、社会、経済の3つの価値を創造することを目指した都市・地域です。2015年9月には国連サミットでSDGsの共通目標が定められ、安倍内閣時代に内閣府では地方創生に向けたSDGs推進事業として、2018年度からは各年度およそ30都市として「SDGs未来都市」が選ばれています。これは、地方創生を一層促進することを目的として、SDGs達成に向けた取組みを提案する都市が選定されています。このSDGs未来都市の中でも特に優れた提案を行った10の自治体が「自治体SDGsモデル事業」として選定されています。

　最近では、地方の成長戦略として、2050年カーボンニュートラルの実現に向けて、2025年度までに少なくとも100か所の「脱炭素先行地域」を選定する計画です。2030年度までに、地域内の民生部門(家庭部門および業務その他部門)の電力消費に伴う二酸化炭素排出の実質ゼロを実現すること、などが選定要件です。初年度22年の第1弾では26の自治体が選定されています。2050年を待たずに脱炭素達成(脱炭素ドミノ)を促進することが計画されています。

2050年 ゼロカーボンシティ

702自治体が「2050年までに二酸化炭素排出実質ゼロ」を表明
（2022年3月31日時点）

・41都道府県
・402市
・20特別区
・181町
・35村

表明した自治体の総人口は
約1億1837万人

出典：環境省 https://www.env.go.jp/policy/zerocarbon.html

SDGs未来都市と脱炭素先行地域

地方創生SDGs（内閣府）
　　　持続可能なまちづくりのために、SDGsを原動力とした地方創生

　　「環境モデル都市」
　　　　　平成20年度（2008年度）から 平成25年度まで、23都市選定
　　「環境未来都市」
　　　　　平成24年（2012年度）度から平成28年（2016年度）度から5年間
　　↓
　　「SDGs未来都市」（各年30都市）
　　　　　2018年度から選定　現在累計　124都市
　　「自治体SDGsモデル事業」（上記の内から10都市を厳選）
　　　　　2018年度（平成30年度）から選定　現在累計　40都市

「脱炭素先行地域」（環境省）
　　　2025年までに100か所選定予定
　　　2022年の第1弾では26の自治体を選定済み

 連携

「みどりの食料システム戦略」（農林水産省）
「国土交通グリーンチャレンジ」（国土交通省）
「2050カーボンニュートラルに伴うグリーン成長戦略」（経済産業省）

要点 地方自治体の取組みに対する環境省からの支援としてゼロカーボンシティ宣言があり、内閣府の地方創生 SDGs として未来都市の選定が行われてきました。最近では脱炭素先行地域が新たに選定され、脱炭素ドミノの促進が図られています。

第 75 話

多くの企業が取り組んでいる？

　カーボンニュートラルに向けて、政府、地方自治体に加えて、企業の取組みも重要です。脱炭素経営のための国際的企業連合も組織化されてきています。

■企業の取組み

　金融機関からは、脱炭素化への働きかけや化石燃料産業への投資撤退があり、政策面では、カーボンプライシングの導入があります。さらに消費者に SDGs が広まっていて、持続可能ではない事業への視線が厳しくなっています。

　中小企業でも脱炭素化経営は有益です。脱炭素化経営により、自社の競争力を強化し、売上・受注を拡大できる、知名度や認知度が向上する、社員のモチベーション向上や人材獲得力が強化される、金融機関からの資金調達が有利になる、などのメリットがあります。

■脱炭素経営の国際連携（TCFD、WMB）

　パリ協定の締結、および ESG 金融（第㉕話）の進展に伴い、脱炭素を企業経営に取り組む動き（これを「脱炭素経営」と呼ぶ）がグローバル企業を中心として拡大しています（**図**）。この取組みは、投資家らに対しては「脱炭素経営の見える化」ができ、自社の企業価値の向上へとつながります。また、近年、脱炭素経営に取り組む企業が取引先にも削減目標の設定や排出削減を要請する動きもあり、「他社との差別化」や「ビジネスチャンスの獲得」のためにも脱炭素経営に取り組む必要性が増しています。

　脱炭素経営の国際的機関として、気候関連のリスクや目標に関する情報開示の枠組み（TCFD）や脱炭素に向けた目標設定（WMB プラットフォーム）があります。

　TCFD とは、国際金融に関する監督機関としての金融安定理事会（FSB）により設置された「気候関連財務情報開示タスクフォース」のことであり、企業などに対して、気候変動関連リスクおよびガバナンス、指標と目標などについて開示することを推奨しています。

　脱炭素化に向けた目標設定の WMB プラットフォームとして、SBT（科学を基礎とした目標設定）ではパリ協定を踏まえての温室効果ガス排出削減目標を示しています。RE100 では企業が事業活動で使用する電力を再生可能エネルギー 100% にする取組みであり、再エネ電力を 2030 年は 60%、2040 年は 90%、そして、2050 年に 100% の達成を目指しています。日本では中小企業版として「再エネ 100 宣言 RE Action」が発足しています。

脱炭素経営の広がり

（＊）参加企業数は2022年3月現在

TCFD （気候関連財務情報開示タスクフォース）（世界2601社、うち日本730社＊）
投資家のために気候変動への取組みに関する情報開示を促す
https://www.fsb-tcfd.org/

TCFD TASK FORCE on CLIMATE-RELATED FINANCIAL DISCLOSURES

WMB（We Mean Business）（企業や投資家の温暖化対策のプラットフォーム）

＜経済＞

SBT （科学を基礎とした目標設定）（世界2600社以上、うち日本196社＊）
企業にパリ協定に整合する目標設定を促す
https://sciencebasedtargets.org/

SCIENCE BASED TARGETS

＜エネルギー＞

RE100 （再生可能エネルギー100%目標）（世界353社、うち日本66社＊）
企業に電力をすべて再エネ由来にするコミットを促す
消費電力量が100GWh以上の大企業 （日本企業は50GWh）
国際的なイニシアティブ（主導権、戦略）
https://www.there100.org/

RE 100 ｜℃ CDP

EP100 （経済指標2倍化目標）（世界128社、うち日本3社＊）
企業にエネルギー生産性の2倍化を促す。
https://www.theclimategroup.org/ep100

EP 100 ｜℃ ALLIANCE TO SAVE ENERGY

＜輸送＞

EV100 （電気自動車移行目標）（世界121社、うち日本7社＊）
企業に、2030年までの電気自動車への移行または普及への公約を促す
https://www.theclimategroup.org/ev100

EV 100 by THE CLIMATE GROUP

＜環境と産業＞

Steel Zero （100%ネットゼロ鉄鋼）（世界18社、うち日本0社＊）
企業に、遅くとも 2050年までに鉄鋼生産における
排出のネットゼロ移行を促す
https://www.theclimategroup.org/steelzero

°CLIMATE GROUP STEELZERO

要点 カーボンニュートラルのために、企業の脱炭素経営の取組みも加速されています。国際的な TCFD（気候関連財務情報開示タスクフォース）や EP100（再生可能エネルギー100%目標）などの取組みに、日本の多くの企業が参加しています。

165

第 **76** 話　個人でなにができるの?

　家庭と輸送部門からの二酸化炭素の排出合計は全体の 3 分の 1 以上です。一人一人の小さな脱炭素化運動が、大きなカーボンニュートラルのうねりにつながります。

■個人の意識変革

　かつて、京都議定書の 6％削減目標達成に対して、一人一人のライフスタイルの変革により、家庭や職場での温室効果ガスの削減が叫ばれました。キャッチコピーは「1 人 1 日 1kg の二酸化炭素ダイエット」であり、2007 年に安倍内閣での「美しい星 50」で呼びかけられました。冷房 28℃、暖房 20℃の温度調節、水道や電気の節約、アイドリングストップのエコドライブ、エコ家電製品の利用、過剰包装の取りやめとゴミの削減などが進められました。これにより年間総量 5000 万 t の削減となり、当時の家庭部門の二酸化炭素削減目標（4000 万 t）を上回りました。脱炭素ライフスタイルへの転換は 2015 年の「クールチョイス」、2021 年の「ゼロカーボンアクション 30」のカーボンニュートラルへの国民運動として踏襲されてきています（**上図**）。

■クールチョイスとゼロカーボンアクションの具体例

　クールチョイス（賢い選択）のキャッチコピーは「未来のために、いま選ぼう」であり、脱炭素社会づくりのための 2030 年までの国民運動です（**下図上方**）。推進キャンペーンとしては、5 つ星省エネ家電への買い替え、エコカー選択、エコ住宅生活などがあげられます。

　ゼロカーボンアクション 30 では、30 項目のアクションリストを 8 つのカテゴリーにまとめてあります（**下図下方**）。例えば、住居関連では、冷暖房の温度設定の適正化、エコ家電への買い替え、高効率給湯器の利用、新築時にはネット・ゼロ・エネルギー・ハウス（ZEH）や太陽光パネル付き住宅に、などがあげられます。また、食関係では、家庭で発生する食品ロスを減らす・なくす、旬の食材の地産地消。ごみ関連では、3R、資源循環。買い物関連では、レジ袋などのワンウェイプラスチックの使用抑制、より簡易な包装の製品を選択などがあります。さらに、移動関係では、徒歩・自転車・公共交通機関での移動、エコドライブの実践（急発進／急停車をしない・アイドリングストップ）、電気自動車などへの乗り換え、宅配ボックスや置き配の活用など再配達の抑制、オンライン会議・在宅勤務などによる働き方改革などの具体的行動例が示されています。

脱炭素社会への国民運動

「1人1日1kgのCO₂ダイエット」(2007年)

安倍内閣での「美しい星50」
京都議定書の目標達成に向けた国民運動(2007年)

2030年まで続ける「COOLCHOICE」(2015年)

パリ協定(2015年)
地球温暖化対策のための「COOL CHOICE(＝賢い選択)」

ゼロカーボンアクション30(2021年)

2020年10月の2050年カーボンニュートラル宣言を受けて、
2021年に「地域脱炭素ロードマップ」を明示

クールチョイス、ゼロカーボンアクションの具体例

COOL CHOICEの推進キャンペーン

COOL CHOICEの脱炭素アクションとロゴマーク

ゼロカーボンアクション30の8つのカテゴリー

1. エネルギーを節約・転換しよう！(省エネ・節エネ・電化関係)
2. 太陽光パネル付き・省エネ住宅に住もう！(住居関係)
3. CO₂の少ない交通手段を選ぼう！(移動関係)
4. 食ロスをなくそう！(食関係)
5. サステナブルなファッションを！(衣類、ファッション関係)
6. 3R(リデュース・リユース・リサイクル)(ごみ関係)
7. CO₂の少ない製品・サービスなどを選ぼう！(買い物・投資関係)
8. 環境保全活動に積極的に参加しよう！(環境活動関係)

要点 カーボンニュートラルに向けての個々人の取組みも大切です。かつてのキャッチコピー「1人1日1kgの二酸化炭素ダイエット」から、「クールチョイス」「ゼロカーボンアクション30」の運動が推進されています。

世界のエネルギー転換指数とは？
（エネルギートライアングル）

　世界各国の再生可能エネルギーへの転換状況を評価したランキングとして、世界経済フォーラム（WEF）が定めた「世界のエネルギー転換指数」（ETI）があります。WEF は「世界競争力報告書」「世界ジェンダーギャップ報告書」など、数多くの比較調査を発表している独立・非営利団体です。「効果的なエネルギー転換の促進 2021 年報告書」では、

　各国がクリーンエネルギーへの転換を進めていくうえで進歩が後戻りしないようにするためには、経済・政治・社会の慣行においてエネルギー転換を定着させることが重要であるとしています。

　エネルギー転換指数は 115 か国を対象に、「経済発展と成長」「環境の持続可能性」「エネルギーセキュリティとアクセス」のエネルギートライアングルのシステム成果の 3 項目と転換準備の 6 項目とを評価してスコアが算出されます。

　2021 年では、首位は 4 年連続でスウェーデン（78.6 点）であり、ノルウェー（76.8 点）、デンマーク（76.5 点）と続き、北欧諸国が上位の地位を維持しています。G20 では上位 20 か国に入ったのは英国（7 位）、フランス（9 位）、ドイツ（18 位）のみです。G7 としては、カナダ（22 位）、米国（24 位）とイタリア（27 位）で、最下位が日本で 37 位でした。日本の ETI スコアは 64.5 点で、先進国・地域平均（68.4 点）に比べ 3.9 ポイント低く、全体平均（59.4 点）よりも 5.1 ポイント高い値でした。日本ではエネルギー効率の向上で 1 人当たりのエネルギー消費量が大幅に減少したことなどによって ETI スコアが緩やかに改善しています。しかし、エネルギー輸入量の増加により、エネルギー安全保障上の課題を抱えていることが指摘されています。

　一方、世界のエネルギー需要の 3 分の 1 を占める中国（68 位）とインド（87 位）は、エネルギーミックスにおいて石炭が依然として重要な役割を果たしています。しかし、過去 10 年間で大幅に改善されています。

ETI（Energy Transition Index）を評価する項目
（エネルギートライアングル）

第9章

カーボンニュートラルの世界の取組み（脱炭素国際協調）

産業革命以降の気候変動に対する国連を中心とする対策と、パリ協定などのさまざまな国際協定やCOP（締結国会議）の現状についてまとめ、SDGs（持続可能な開発目標）や2050年カーボンニュートラルへのロードマップについて解説します。

第 77 話

歴史的経緯は？

社会問題・環境問題は歴史的にさまざまに提起されてきました。カーボンニュートラルに関連した地球温暖化問題の国際的な経緯を概観してみましょう。

■産業革命と地球環境課題

現在は IoT・AI・ビッグデータなどの第 4 次産業革命の真っただ中です（**図右側**）。1800 年ごろの蒸気機関による工業化の 1 次産業革命から、1900 年ごろの電気による大量生産の 2 次、2000 年ごろの IT 革命の 3 次です。産業革命が環境問題の始まりです。1 次産業革命初期の失業労働者によるラッダイト運動（機械破壊運動）も、時代を反映した問題でした。エネルギーの大量消費による温暖化問題もその延長といえます。不確実さを払拭しての科学的な判断・政策が求められています。

■地球温暖化指摘の歴史

1827 年にフーリエ解析で有名なジョゼフ・フーリエ（フランス）が温室効果を発表し、1861 年にジョン・ティンダル（アイルランド）が水蒸気・二酸化炭素・オゾン・メタンなどが主要な温室効果ガスであることを明らかにしています。これらの研究を踏まえて、1896 年にはスウェーデンの科学者スバンテ・アレニウスが、二酸化炭素濃度が 2 倍になれば気温が 5 〜 6℃上昇する可能性があることを指摘しています（**図左側**）。

日本では宮沢賢治が 1932 年に発表した童話『グスコーブドリの伝記』のなかで、冷害に苦しむ農民を救おうと、火山の噴火を起こさせて、温室効果のある二酸化炭素の排出を増やそうと努力する主人公ブドリの姿を描いています。現在では、火山の噴火は二酸化炭素とともに排出される粉塵によるエアロゾルにより太陽光線がさえぎられ、全体では冷却効果のほうが大きいことが判明しています。宮沢賢治はそれも認識していて、二酸化炭素以外の噴出物の少ない火山を念頭に置いていたのでは、との指摘もあります。

アレニウスの指摘から 100 年近く後の 1985 年には地球温暖化に関する初めての世界会議（オーストリア、フィラハ会議）が開かれ、「21 世紀半ばには人類が経験したことのない規模で気温が上昇する」との見解が発表されました。1988 年には、国連環境計画（UNEP）と世界気象機関（WMO）によって、地球温暖化に関する科学的側面をテーマとした政府間のパネル「気候変動に関する政府間パネル（IPCC）」が設立されています。

地球温暖化問題の歴史的経緯

1800年頃	産業革命 → 環境問題の始まり	**インダストリ1.0** 第1次産業革命
		↓ 1800年ごろ 蒸気・機械産業
1827年	フーリエ(フランス)が温室効果を発表	
1861年	ティンダル(アイルランド)が主要な温室効果ガスを明確化	
1896年	アレニウス(スウェーデン)が、二酸化炭素濃度が2倍 になれば気温が5～6℃上昇する可能性を指摘	
1932年	宮沢賢治 童話『グスコーブドリの伝記』	**インダストリ2.0** 第2次産業革命
		↓ 1900年ごろ 発電・電機産業
1962年	「沈黙の春」(レイチェル・カーソン著) 環境問題のひろがり	
1972年	「国連人間環境会議(ストックホルム会議)」 環境問題に関する初の国際会議 人間環境の保全と向上のための「人間環境宣言」	
1985年	「フィラハ会議(オーストリア)」 地球温暖化に関する初の国際会議	
1988年	「IPCC」設立 地球温暖化の解明が目的	
1992年	「国連環境開発会議(UNCED、地球サミット)」 リオ宣言と「気候変動枠組み条約」の採択	
1995年	「第1回気候変動枠組み条約締約国会議(COP1)」 ドイツのベルリンで開催、以降毎年開催	
1997年	「京都議定書」の制定(COP3) 初めて温室効果ガスの削減行動を義務化	
2000年	「MDGs」の採択 2015までのミレニアム開発目標	**インダストリ3.0** 第3次産業革命
		↓ 2000年ごろ IT革命
2006年	「PRI」発足 ESG課題を考慮し責任投資原則	
2007年	IPCCと元米副大統領ゴア氏がノーベル平和賞受賞 地球温暖化問題の普及に貢献	
2014年	「RE100」発足 2050年までに再生可能エネルギーを100%	**インダストリ4.0** 第4次産業革命
2015年	「SDGs」の採択 2030年までの持続可能な開発目標	↓ 2011年～ AI・IoT革命
2015年	「パリ協定」の採択 世界共通の目標として2℃目標を設定	
2015年	「SBT」発足 科学的根拠に基づく削減目標の設定の推進	
2017年	「TCFD」 企業の気候変動による財務的影響の開示などの 気候関連財務情報開示タスクフォース	
2021年	真鍋淑郎博士ら3名がノーベル物理学賞受賞 地球温暖化のシミュレーション解析の開発 ベースは1967年の初期論文など	

要点 第1次産業革命の始まりとともに環境問題が認識されはじめ、1827年にフーリエにより温室効果が、1896年にアレニウスにより二酸化炭素濃度の上昇による温暖化が指摘されました。それから1世紀、地球温暖化に関する初の国際会議は1985年のフィラハ会議でした。

第 **78** 話 IPCC、COP とは?

気候変動問題への対策には、国際的なシステムが必要です。国際条約の締結を
ベースとしたさまざまな組織がつくられ、IPCC や COP が開催されてきています。

■気候変動枠組条約の締約国会議（COP）

地球温暖化に関する国際的な条約は、1992 年に締結された気候変動枠組条約
（UNFCCC）の下に組織された締約国会議（COP）が最高意思決定機関です。す
べての条約締約国が参加し、条約の実施に関するレビューや各種決定を行うために
年に 1 回開催されています。

それに先立つ 1988 年に、国連環境計画（UNEP）と世界気象機関（WMO）と
により気候変動に関する政府間パネル（IPCC）がつくられています。総会の下に
3 つの作業会と 1 つのタスクフォースが設置されています（**上図**）。

IPCC は科学的な中立性を保って、この COP へ提言する組織として機能してき
ています。IPCC の第一次評価報告書（FAR）を科学的基盤として、気候変動枠組
条約が 1992 年 5 月の国連総会で採択され、同年 6 月の地球サミットで署名が開
始され、94 年 3 月に発効しました。

■ COP と IPCC 評価報告書

気候変動枠組条約の下で、締結国会議（COP）が 1995 年から毎年開催されて
います。条約の目的を達成するための具体的枠組みとしての京都議定書やパリ協定
にも、IPCC の報告書が学術的基盤として生かされてきています（**下図**）。

1997 年の京都議定書では、1995 年にまとめられた IPCC 第 3 次評価報告書
（SAR）が学術的基盤となり、同様に、2015 年のパリ協定では、13 年の第 5 次
評価報告書（AR5）が検討の基盤として機能し、「世界の平均気温上昇を産業革命
前と比較して、2℃より充分低く抑え、1.5℃に抑える努力を追求すること」が決
められました。1.5℃とカーボンニュートラルの重要性は、2018 年の IPCC1.5℃
特別報告書（1.5℃ SR）にまとめられ、コロナ禍で 1 年延期された第 26 回締約国
会議（COP26、2021 年 11 月、英国グラスゴー）では、産業革命前からの気温
上昇を 1.5℃に抑えることで合意し、2050 年までに世界の温室効果ガス排出量を
実質ゼロにすることが世界目標となりました。2022 年にまとめられる第 6 次評
価報告書（AR6）は、エジプトでの COP27 で反映される予定です。

気候変動に関する政府間パネル（IPCC）の設立

● 1988年「気候変動に関する政府間パネル（IPCC）」
　国連環境計画（UNEP）と世界気象機関（WMO）により設立
　（IPCC；Intergovernmental Panel on Climate Change）

作業部会：WG1（自然科学的根拠）、WG2（影響、適応、脆弱性）、WG3（緩和）
タスクフォース：TFI（国別温室効果ガス目録（インベントリ））

締結国会議（COP）とIPCC評価報告書

● 1992年 「気候変動に関する国連枠組条約（UNFCCC）」を締結
　（UNFCCC；United Nations Framework Convention on Climate Change）

● 1995年から毎年
　「気候変動枠組条約締約国会議（COP）」を開催
　（COP；Conference of the Parties）

COP	IPCC
1992年　気候変動枠組条約採択	← FAR（1990年）
1994年　気候変動枠組条約発効	
1995年　第一回締約国会議（COP1）	
1997年　「京都議定書」採択（COP3）	← SAR（1995年）
2005年　京都議定書発効（COP11）	← TAR（2001年）
2007年　パリ行動計画（COP13）	← AR4（2007年）
2009年　「コペンハーゲン合意」(COP15)	
2010年　カンクン合意（COP16）	
2015年　「パリ協定」(COP21)	← AR5（2013年）
2018年　タラノア対話（COP24）	← 1.5℃ SR（2018）
2021年　コロナ禍で1年延期、 　　　　英国グラスゴー開催（COP26）	
2022年　エジプト開催（COP27）	← AR6（2021〜22年）

要点 UNEP と WMO により IPCC（気候変動に関する政府間パネル）が設立され、1992年に締結された UNFCCC（気候変動に関する国連枠組条約）の下で、COP（気候変動枠組条約締約国会議）が毎年開催されています。

第 79 話

京都議定書とその後は？

UNFCCC の目的は大気中の温室効果ガスの安定化です。その 2020 年までの枠組みとして、1997 年に京都議定書が採択されました。

■京都議定書とは？

京都議定書（京都プロトコル）とは、温暖化に対する国際的な取組みのための国際条約です。1997 年に京都で開催された国連気候変動枠組条約第 3 回締約国会議（COP3）で採択されています。このプロトコルでは、参加している先進国全体に対して「温室効果ガスを 2008 年から 2012 年の 5 年間に、1990 年比率 5％削減すること」としています。国ごとには、EU は 8％、アメリカ合衆国は 7％、日本は基準年としての 90 年比で 6％の削減を約束しました。アメリカは最終的に京都議定書に批准しませんでしたが、国際社会が協力して削減目標を設定した重要な一歩となりました。

■京都議定書とその後

日本は、第 1 約束期間（2008 ～ 2012 年）の 6％削減の目標は達成することができましたが、排出量の多い中国、インドなどの新興国や途上国に対して削減を義務づけない同議定書を不完全として、日本は次の第 2 約束期間（2013 ～ 2020 年）には参加しないこととなりました（**上図**）。京都議定書は、国際社会が協力して温暖化に取り組む大切な一歩でしたが、途上国には削減義務を求めていません。気候変動枠組条約での「歴史的に排出してきた責任のある先進国が、最初に削減対策を行うべきである」という合意に基づいて定められたからです。途上国をも含めての温室効果削減は、2020 年以降のパリ協定で議論・実施されることになります。

■京都メカニズム

京都議定書では、二酸化炭素の排出量削減法として、「京都メカニズム」と呼ばれる 3 つの方策が認められていました（**下図**）。共同実施（JI）、クリーン開発メカニズム（CDM）そして排出量取引（ET）です。JI は、ほかの先進国での二酸化炭素削減事業に資金や技術面で協力して、自国の削減分に換算する共同実施です。CDM は、先進国が途上国で二酸化炭素削減の事業を行い、それを自国の削減分に換算する開発メカニズムであり、ET とは、目標以上に削減できた先進国から余剰枠を購入する排出量取引です。

京都議定書からパリ協定へ

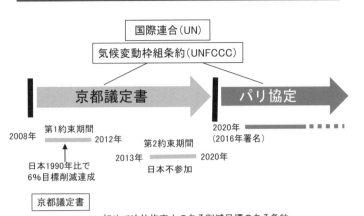

国際連合（UN）

気候変動枠組条約（UNFCCC）

京都議定書 → パリ協定

2008年　第1約束期間　2012年
日本1990年比で6%目標削減達成

第2約束期間
2013年　2020年
日本不参加

2020年（2016年署名）

京都議定書

成果　　初めて法的拘束力のある削減目標のある条約
　　　　ただし、2001年に米国離脱して批准なし

課題　　気候変動枠組条約の「歴史的に排出してきた責任のある
　　　　先進国が、最初に削減対策を行うべきである」という合意
　　　　に基づき、先進国に削減義務、途上国には削減義務なし

3つの京都メカニズム

共同実施（JI）

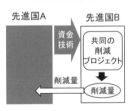

先進国A　先進国B
資金技術
共同の削減プロジェクト
削減量
削減量

クリーン開発メカニズム（CDM）

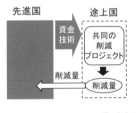

先進国　途上国
資金技術
共同の削減プロジェクト
削減量
削減量

排出量取引（ET）

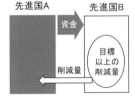

先進国A　先進国B
資金
目標以上の削減量
削減量

JI: Joint Implementation
CDM: Clean Development Mechanism
ET: Emissions Trading

要点　2008年からの京都議定書は、温室効果ガスの削減目標を初めて法制化した協定であり、京都メカニズムと呼ばれる3つの方策が組み入れられていました。途上国には削減義務がなく課題も多くあり、後半の第2約束期間には日本は参加していません。

第 80 話 パリ協定とは?

　京都議定書の歴史的意義と同時に、途上国の削減を含まないという限界から、新しい国際的な枠組みが模索され、パリ協定が成立しました。

■パリ協定の締結

　パリ協定（パリ・アグリーメント）は、2015 年 12 月にフランス・パリで開催された COP21（国連気候変動枠組条約第 21 回締約国会議）で、世界約 200 か国が合意して成立しました。パリ協定と京都議定書との大きな違い（**上図**）は、パリ協定では途上国を含むすべての主要排出国が対象となりましたが、京都議定書と異なり温室効果ガス排出削減の義務がないという限界もありました。

■世界共通の目標

　パリ協定は、1997 年に定まった「京都議定書」の後を継ぎ、国際社会全体で温暖化対策を進めていくためのベースとなる条約です。世界共通の目的として、世界の平均気温上昇を産業革命前と比較して、「2℃より充分低く抑え、1.5℃に抑える努力をする」ことが決まりました（**中図**）。そのため、できるだけ早く世界の温室効果ガス排出量の上昇をストップさせ、21 世紀後半には、温室効果ガス排出量と森林などによる吸収量のバランスをとること、さらに、気候変動による影響に対応するための適応策の強化や、いろいろな対策に必要な資金・技術などの支援を強化するための国際協定です。

■パリ協定の現状と温室効果ガス削減目標の進展

　パリ協定締結時の 2015 年に提出した日本の 2030 年度の温室効果ガスの削減目標は、2013 年度比で 26% 減（2005 年度比で 25.4%）でした。日本は省エネが進み、原発事故後で火力に頼っていることもあって、この目標達成は容易ではありません。一方、アメリカではオバマ政権（民主党）からトランプ政権（共和党）に代わり、2019 年 11 月にパリ協定の脱退を宣言しました。その後、バイデン政権（民主党）の成立直後の 2021 年 1 月には復帰を決定し、2 月には正式に復帰が認められています。

　日本は、（前）菅内閣のもと、2020 年 10 月に「2050 年カーボンニュートラル」を宣言しており、「整合的で、野心的な目標」として 2030 年目標「46% 削減」を掲げました。現在の岸田内閣でもこれが踏襲されています（**下図**）。

パリ協定と京都議定書の比較

	パリ協定	京都議定書
対象時期	2020年以降	2020年まで
採択時期	COP21(2015年)で採択	COP3(1973年)で採択
参加国	世界中の参加国	先進国だけ
目標処置	目標の提出(達成は義務なし)	目標の達成義務

パリ協定の世界共通の目標

世界全体の目標
- ・気温上昇を2℃より十分低く(産業革命以前と比較)
- ・努力目標は1.5℃

各国の削減目標
- ・気候変動枠組条約加盟のすべての国が参加(196か国)
- ・目標の作成、報告、更新の義務化
- ・5年ごとに更新、後退させない(2023年から)

途上国への資金支援
- ・先進国の資金拠出義務化
- ・途上国の自発的資金拠出

各国の温室効果ガス削減目標

国名	締結時の削減目標	現在の削減目標
中国	2030年目標　60〜65% 削減(2005年比)	(同左)
米国	2025年目標　26〜28% 削減(2005年比)	50〜52% 以上削減
EU	2030年目標　40%削減(1990年比)	55% 以上削減
インド	2030年目標　33〜35% 削減(2005年比)	45% 削減
ロシア	2030年目標　25〜39% 削減(1990年比)	(2050年目標として60 % 削減(2019年比))
日本	**2030年目標　　26%削減(2013年比)**	**46% 削減**

米国はオバマ政権時にパリ協定に署名し、トランプ政権時代に離脱したものの、バイデン政権誕生で2021年1月20日に復帰しています。

> **要点** パリ協定では、世界の温度上昇を産業革命以前と比較して 2℃より十分低く、1.5℃を努力目標にすることが定められました。また、途上国を含めた参加国すべてが削減目標を作成することも義務づけられました。日本の現在の目標は 2013 年比で 46%削減です。

第 81 話　なぜ 2℃よりも 1.5℃なのか?

さまざまな社会・経済シナリオに対して、産業革命前からの気温の上昇が 2℃以上の予想ですが、GHG の削減を徹底させて 1.5℃とするシナリオが注目されてきました。

■ 1.5℃特別報告書

2015 年のパリ協定では、2013 年の IPCC 第 5 次評価報告書（AR5）をベースとして、「世界の平均気温上昇を産業革命以前から 2.0℃以下、できれば 1.5℃とすること」が合意されました。2018 年には、IPCC は 1.5℃特別報告書（SR1.5）をまとめ、今世紀末までの気温上昇を 1.5℃に抑えることの重要性とそのシナリオを明らかにしました。

■温度上昇のシナリオ予測

世界の平均地上気温は、産業革命前から現在までにすでに 1.1℃上昇しており、このままの温暖化率では 2040 年には 1.5 ℃に達し、さらに上昇してしまいます（**上図**）。オーバーシュートなしでなだらかに 1.5 ℃とするには、共通社会経済経路での持続可能シナリオ SSP1 － 1.9 のモデルが示すように 2050 年にはカーボンニュートラルを達成することが重要です。持続可能シナリオ SSP1 － 2.6 では 21 世紀末に 2℃上昇となってしまいます。中間シナリオ SSP2 － 4.5 や地域分断シナリオ SSP3 － 7.0 では温度上昇を抑制することはできません。

■ 2℃と 1.5℃の違いは?

気温上昇 1.5℃と 2℃との影響の違いは、さまざまな現象として現れます。**下表**では地域分断シナリオで二酸化炭素排出の多い 4℃上昇の地域分断シナリオも含めて比較しています。現在は 19 世紀後半からすでに 1.1℃上昇しています。

熱波などによる最高温度の日数、10 年に 1 回ほどの干ばつの日数、豪雨の日数、降雪の領域面積、台風の強度などの 2100 年での予測比較が示されています。特に顕著なのは海面上昇です。1.5℃では最大 60cm の上昇ですが、2.0℃では 70cm、4.0℃では海面上昇の最大予想は 90cm 近くです。上昇した気温が数千年から 1 万年間の長期間保持された場合には海面上昇が数 m から十数 m が予測されています。そのほか、洪水のリスク、サンゴ礁の消失、永久凍土の融解など、1.5℃に抑えることでかなり軽減することができます。

2100年までの温度上昇の経路シナリオ

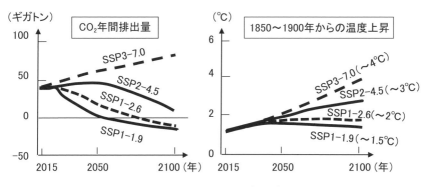

（ギガトン）
CO₂年間排出量
SSP3–7.0
SSP2–4.5
SSP1–2.6
SSP1–1.9

（℃）
1850〜1900年からの温度上昇
SSP3–7.0（〜4℃）
SSP2–4.5（〜3℃）
SSP1–2.6（〜2℃）
SSP1–1.9（〜1.5℃）

出典：IPCC AR6 Full Repot（2021）　図 SPM.4 と 図 SPM.8 より作成

1.5℃、2℃、4℃上昇予想の比較

	温度（19世紀後半との比較）	現在（+1.1℃）	2100年の予想例 +1.5℃	+2.0℃	+4.0℃
☀	最高温度の日（10年で1回の頻度）	（2.8倍）	4.1倍	5.6倍	9.4倍
☒	干ばつ（10年に1回の頻度）	（1.7倍）	2.0倍	2.4倍	4.1倍
☁	豪雨（10年に1回の頻度）	（1.3倍）	1.5倍	1.7倍	2.7倍
❄	降雪（領域の変化）	（−1%）	−5%	−9%	−25%
🌀	台風（強度変化）	（+0%）	+10%	+13%	+30%
◣	海面上昇（2100年まで）	（20cm）—	34〜59cm	40〜69cm	58〜91cm
	（2,000年間継続の長期予測）		2〜3m	2〜6m	12〜16m
	（10,000年間継続の長期予測）		6〜7m	8〜13m	19〜33m

出典：IPCC AR6 Full Repot（2021）
Figure SPM.5, Infographic TS.1　および　TABLE 9.10　より作成

要点 地球温度は19世紀後半からすでに1.1℃上昇しています。2100年までの上昇で1.5℃と2℃のシナリオが検討され、さまざまな影響が予測されています。1.5℃以下とするには、2050年にはカーボンニュートラルの達成が必要となってきます。

第 82 話 MDGs から SDGs へ?

環境保全と開発促進とは一般に相反しますが、この2つを調和させ、住みよい社会をつくろうとする世界目標が、国際連合で採択されています。

■ミレニアム開発目標から持続可能な開発目標へ

2001年に15年までの目標としてミレニアム開発目標（MDGs）が国連総会で採択されました。極度の貧困と飢餓の撲滅など、2015年までに達成すべき8つの目標が定められました。

MDGs で達成された課題がある中で、残された課題として、女性の地位向上、二酸化炭素排出量の削減などがありました。2015年には、持続可能な開発のために、向こう15年間の新たな行動計画として『我々の世界を変革する：持続可能な開発のための2030アジェンダ』が採択されました。いわゆる SDGs（エス・ディー・ジーズ、持続可能な開発目標）であり、17の世界的目標と169の達成基準が定められています。地球上の「誰一人とり残さない（leave no one behind）」ことを宣言しています。具体的には、エネルギーに関しては第7目標の「エネルギーをみんなにそしてクリーンに」とし、気候に関しては第13目標の「気候変動に具体的な対策を」とされています。

■ SDGs の目標と構成

17個の SDGs の目標は、人間（ピープル、目標①〜⑥）、豊かさ（プロスパリティ、目標⑦〜⑪）、地球（プラネット、目標⑫〜⑮）、平和（ピース、目標⑯）、そして、パートナーシップ（目標⑰）の5つの「P」で表現されています（**図下側左**）。経済・社会・環境の3つの階層に整理することもできます。SDGs のウェディングケーキモデルと呼ばれている図であり、最下層の環境に関する目標として、⑬気候変動、⑭海洋資源、⑮陸上資源、⑥水資源と衛生の4項目が取り上げられています（**図下側右**）。地球温暖化とカーボンニュートラルだけではなくて、さまざまな課題が絡み合っています。

SGDs は環境を守るだけの活動ではありません。また、①貧困や②飢餓、③健康といった身体や社会の問題を解決するだけではなく、そのために必要な④教育を重視し、⑤性の不平等さにも目を向けています。また、発展途上国のみならず、先進国も取り組むべき目標もあります。⑧「働きがいと経済成長の両立」はその典型例であり、ユニバーサル（普遍的）な目標の1つであるといえます。

SDGs（持続可能な開発目標）の目標

2001年　　　　2015年　　　　2030年

MDGs　　　→　　SDGs　　→

MDGs： Millennium Development Goals
SDGs： Sustainable Development Goals

SDGsの17の目標

5つのP

People（人間）　1〜6
Prosperity（豊かさ）　7〜11
Planet（地球）　12〜15
Peace（平和）　16
Partnership（パートナーシップ）　17

3つの階層

経済
社会
環境

経済：8〜10、12
社会：1〜5、7、11、16
環境：6、13〜15

出典：国連広報センターホームページなどより作成

要点　SDGs（持続可能な開発目標）は2015年から2030年までの世界目標です。国連総会で採択され、エネルギー問題や気候変動問題はもとより、貧困、飢餓、健康のほか、教育、働きがいなどの17の目標が定められています。

第 **83** 話　2050 年へのロードマップは?

　国内では「2050 年カーボンニュートラル」が叫ばれていますが、発展途上国を含めて世界ではどのような目標になっているのでしょうか?

■カーボンニュートラルの目標

　日本では 2020 年 10 月の 2050 年カーボンニュートラル宣言を受けて「国・地方脱炭素実現会議」が設置され、翌年には、「地域脱炭素ロードマップ」がまとめられました。ここには、衣食住・移動・買い物など日常生活における脱炭素行動を通じての「ゼロカーボンアクション」が整理されています。

　カーボンニュートラルのためには、電力部門の二酸化炭素排出には、脱炭素化電源の活用と省エネ化が必要ですし、非電力起源の二酸化炭素排出には、熱源の電力化や水素化・バイオ化が有効です。削減不可能な二酸化炭素は、ネガティブエミッションとしての CCS (DACCS、BECCS など) により実質的にゼロエミッションとします (**上図**)。

■カーボンニュートラルの目標年

　カーボンニュートラルをいつ達成できるかは、地球温暖化対策として極めて重要です。**下図**には、温室効果ガスの排出量順に世界各国の目標年をまとめました。欧米先進国の目標は 2050 年としています。日本は GHG 排出は世界の 3％強で第 5 位ですが、2050 年を目標にしています。中国とロシアは 2060 年、そしてインドは 2070 年が目標です。しかし、ロシアのウクライナ侵攻とロシアへの経済制裁、エネルギー源確保の不安定化などにより、二酸化炭素削減はますます困難になってきています。現在電源の主要エネルギー源となっている天然ガスの不安定化や再生可能エネルギーの不安定化により、石炭や石油火力への一時的な回帰も取りざたされています。世界の情勢を踏まえた温室効果対策が重要となってきています。

■ DX、レジリエンスとカーボンニュートラル

　2030 年に向けては、デジタル技術による社会変革としての DX (デジタルトランスフォーメーション) を背景に、レジリエント (回復力のある) でサステナブル (持続可能な) 社会を実現していくことが重要です。究極的には、従来の価値観や枠組みを覆すような革新的なイノベーションを推進してゆくことが、2050 年カーボンニュートラルにつながっていくと考えられます。

カーボンニュートラルのイメージ

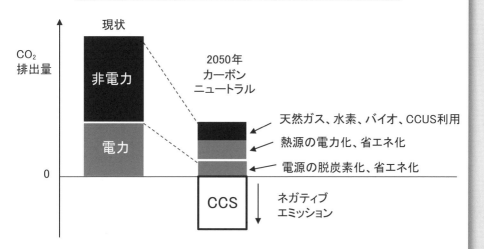

カーボンニュートラルの各国の目標

2022年4月現在

国名	カーボンニュートラルの目標年			GHG排出順位 （2020年）
中国		2060年		1位（30.9%）
米国	2050年			2位（13.9%）
インド			2070年	3位（7.2%）
ロシア		2060年		4位（4.5%）
日本 ●	**2050年**			**5位（3.2%）**
イラン			2070年?	6位（2.0%）
ドイツ	2045年 （EU：2050年）			7位（1.9%）
韓国	2050年			8位（1.8%）
サウジアラビア		2060年		9位（1.8%）
インドネシア		2060年		10位（1.7%）
カナダ	2050年			11位（1.6%）

国名は、温室効果ガス（GHG）の多い順に並べてあります

要点 2050年カーボンニュートラルへの日本のロードマップとして、電力の脱炭素電源化や省エネ化、非電力の電力化や水素化、それにCCSやCCUSの活用が想定されています。西欧諸国の目標年は2050年ですが、途上国はその10〜20年後の目標となっています。

183

世界終末時計は 0 時何分前？
（ロシア・ウクライナ危機）

　文明の刷新とともに人類は発展をして、人口も増加してきました。特に、産業革命以降に、爆発的な人口増加が起こり、21 世紀の中ごろには 100 億人近くまでに達しようとする勢いです。しかし、このような人口爆発が食料不足、エネルギー不足や環境破壊を招き、しいては人口が減少に転じることが、1970 年代のかつてのローマクラブの「成長の限界」の提言により予測されていました。

　人口、食糧、エネルギー、環境問題の以外に、核戦争や感染症パンデミック（世界的大流行）などの重大な危機もあります。人類滅亡の危機を象徴的に表した指標として「世界終末時計」があります。この終末時計は、米国の原子力科学者会報として、原爆投下の 2 年後（1947 年）の 7 分前から、世界の終末（真夜中の午前 0 時）までの残り時間を「あと何秒（分）」という形で象徴的に示されています。主に核戦争勃発の可能性を危惧して設定されたこの時計は、現在では地球温暖化の環境問題をも含めて人類の終末の危機を訴える象徴的な時計となっています。

　危機的状態は、1950 年代（2 分前）の冷戦時代、1980 年代（3 分前）の米ソ軍拡競争、2007 年（5 分前）には北朝鮮核実験、イラン核問題、そして初めて地球温暖化が原因として取り上げられました。それ以降、2012 年（5 分前）の福島第一原子力発電所の事故、2015 年（3 分前）の気候変動と核軍備競争、2017 年（2 分 30 秒前）のトランプ米大統領の核廃絶・気候変動対策への消極発言、2018 年（2 分前）の北朝鮮の核開発がありました。現在はこれまでの最悪の危機状態であり、2020 年（100 秒前）の米とイラン・北朝鮮との対立、21 年の COVID-19 蔓延、そして、22 年の北朝鮮ミサイル発射とロシア・ウクライナ危機です。残念ながら、さらに時計が進められるような国際情勢が訪れてしまう可能性もあります。

米国原子力科学者会報（真夜中まで100秒）

第10章

カーボンニュートラルの未来
（未来エネルギー展望）

文明とエネルギーの変遷をかえりみて、遠未来での脱炭素エネルギー開発の可能性としての核融合と宇宙太陽光の利用を解説し、1000年に及ぶ遠未来の地球環境を考え、地球から宇宙へのさらなる展望を夢見て、宇宙文明の可能性と期待について触れます。

第 84 話　未来のエネルギー開発の展望は？

　脱炭素化電源としての再生可能エネルギーと原子力を超えて、さらなる発展のためには、未来のエネルギーとして何に期待すればよいのでしょうか？

■エネルギーと文明

　エネルギーと文明の歴史を振り返ってみましょう。有史以前に水と太陽のおかげで生命が誕生しましたが、私たち人類の祖先は「太陽」のエネルギーにより生命を維持し、「火」のエネルギーを手に入れ、寒さと夜の暗闇からの恐怖を乗り越えて、農耕文明を築き上げてきました。そして、第二・第三の火としての「電気」「原子力」のエネルギーを手に入れ、近代から現代へ工業文明を発展させてきました。新しいエネルギーにより新しい文明を築き上げてきたのです（**上図**）。将来の文明を支えるのに、新しい第四の火（宇宙太陽発電と核融合発電）に期待が寄せられています。核融合エネルギーを超える次世代のエネルギーの活用も検討されてきています。反物質反応（対消滅反応、太陽内部でも起こっています）を利用して航行する宇宙船や、遠い将来にはブラックホールの重力エネルギーや、未知の宇宙斥力などの新しい力の発見とそのエネルギー利用も夢ではないかもしれません。

■自然の太陽と人工太陽

　太陽光・水力・風力などの再生可能エネルギーのほとんどのエネルギー源は、太陽での核融合エネルギーです。宇宙での自然の「太陽」の利用と同時に、地上での人工の「ミニ太陽」の実現が期待されています。この 2 つの一次エネルギーを用いて、電気や水素の二次エネルギーの活用が夢見られています。核融合や宇宙太陽光でも、発電のほかに水素製造も可能です。また、電気と水素は、水の電気分解や燃料電池により相互に交換可能です。この二次エネルギーを使って、運輸・工場や家庭の消費エネルギーをまかなうことが可能となります（**下図**）。

　エネルギー問題、環境問題には長期的視点が大切です。太陽なくしては、私たちの地球環境を守っていくことは不可能です。太陽は、今後とも、私たち地球に多くの恵みを与え続けてくれることでしょう。その「自然の太陽」と「地球環境」を大切に守り続けることは非常に大切です。同時に、「人工太陽」のような新しい科学技術による新しい文明の創生の可能性や、「宇宙環境」への飛翔の可能性にも期待したいものです。

文明とエネルギーの変遷

水と太陽

有史前
生命の誕生

火

古代
農耕文明

電気の火

産業革命
工業文明

原子の火
現代

宇宙太陽発電
核融合

未来文明

ブラックホール
反物質

遠未来
宇宙文明

未来のエネルギーシステム

（一次エネルギー）　　　（二次エネルギー）　　　（最終消費エネルギー）

核融合エネルギー
（核融合発電）

人工の核融合
（人工太陽）

自然の核融合
（太陽）

太陽エネルギー
（宇宙太陽光発電）

蒸気発電
直接発電

熱化学法

太陽電池

熱化学法
光分解法

電気エネルギー

電気
分解 ↓↑ 燃料
電池

水素エネルギー

照明

運輸

工場

家庭

要点　自然の太陽＝「宇宙太陽光発電」と、人工太陽＝「核融合発電」からの未来エネルギーを
一次エネルギーとして利用し、電気と水素を活用する社会に期待が集まっています。遠未
来では、反物質やブラックホールのエネルギー利用も夢見られています。

　脱炭素電源としての核融合発電の完成には、まだまだ克服すべき課題が山積していますが、国際協力による実験炉も建設されてきています。

■核融合発電の可能性と開発状況

　核融合は、安全で無尽蔵の新しい脱炭素エネルギー源です。1gの燃料から石油8t分のエネルギーが得られます。核融合に用いる重水素は、天然の水1ℓに0.034g含まれているので、理論上は、1ℓの水は300ℓの石油に相当することになります。

　人類の究極のエネルギー源としての核融合発電の実現のため、現在、国際協力事業としてITER（イーター、国際熱核融合実験炉）計画が進められています。ITERとは国際熱核融合実験炉の英語の頭文字を組み合わせた名前であり、ラテン語で「道」を意味しています。ITERの目的は、自己点火と長時間運転の実証、および核融合工学技術の実証にあります。本体装置は、プラズマとそれを囲むブランケットとダイバータ、真空容器、超伝導磁場コイル、クライオスタットなどから構成されています（**上図**）。ITERでは400秒間プラズマを燃焼させて50万kWの熱出力を目指しますが、発電の実証は行いません。運転開始は2025年を予定しています。

■遠未来の先進核融合

　太陽内部では重力により閉じ込められている水素同士の反応がゆっくりと進みますが、地上では、反応の起こりやすい重水素（D）と三重水素（T）との融合（DT反応）を利用します（**下図**）。三重水素は放射性物質ですが、重水素同士の反応（DD反応）では、安全で豊富な燃料を利用できます。さらには、ヘリウム3と重水素を燃料とする先進燃料核融合も検討されています。ヘリウムは通常は陽子2個と中性子2個を原子核に持つヘリウム4ですが、ヘリウム3では中性子が1個しかない元素です。放射性物質ではなく、重水素とヘリウム3との核融合反応からは、材料を損傷させてしまう中性子が生成されず、「理想の核融合炉」と考えられています。ヘリウム3は地上ではほとんど存在しませんが、月には大気がないので太陽で生成されたヘリウム3が直接月の砂（レゴリス）に多量に吸収されています。遠い将来には、月でのヘリウム3核融合炉が私たちの重要なエネルギー源として利用されているかもしれません（**下図**）。

核融合発電の炉心概念

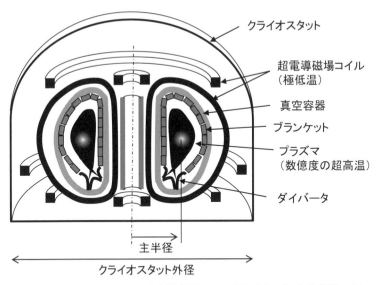

クライオスタット

超電導磁場コイル
（極低温）

真空容器

ブランケット

プラズマ
（数億度の超高温）

ダイバータ

主半径

クライオスタット外径

ITERの主半径は6.2m、クライオスタット外径は〜30m
ITER：International Thermonuclear Experimental Reactor
（国際熱核融合実験炉）

先進燃料核融合反応

通常燃料	DT（反応確率高い）	$D + T \rightarrow {}^4He + n$
先進燃料	DD（豊富で安全な燃料）	$D + D \nearrow {}^3He + n$ $\searrow T + p$
	D^3He（月資源）	$D + {}^3He \rightarrow {}^4He + p$
	$p^{11}B$（中性子フリー反応）	$p + {}^{11}B \rightarrow {}^4He + {}^4He + {}^4He$

要点 ITER（国際熱核融合実験炉）では、自己点火と長時間運転、それに、工学技術の実証が目的です。遠未来の先進燃料核融合として、豊富な資源の重水素核融合や月資源のヘリウム３核融合反応があり、理想の核融合炉を目指しての開発が進められています。

第 **86** 話 未来の宇宙太陽光発電は?

　地上の太陽光発電の不安定さを克服するために、宇宙の大型太陽電池で発電して電力を送電する宇宙太陽光発電システムが提案されています。

■宇宙太陽光発電の可能性と問題点

　宇宙太陽光発電システム（SSPS）の最初の計画は 1968 年に米国のピーター・グレーザー博士により提案されました。赤道上の高度約 3 万 6000km の静止軌道上に衛星を浮かべ、発電した直流電力を電磁波に変えて送電して、地上のレクテナ（整流器付きアンテナ）で受けて電磁波を再び電力に変換します（**上図**）。送電用の電磁波は電子レンジで使われる 2.45GHz（1GHz は 10 億 Hz）のマイクロ波が想定されています。

　上図の下方には、地上での太陽エネルギー密度と SSPS で受ける太陽エネルギー密度との比較を示しました。SSPS では、太陽光の利用が、ほぼ 24 時間で 365 日利用可能となり、地上に比較して約 10 倍のエネルギーが利用可能となります。地上に送られるマイクロ波の強度は、安全性から決められます。通常の地上での太陽光強度の最大値は 1m^2 当たり 1kW ですが、このほぼ 1/4 の 250W/m^2 を、レクテナ中心での最大電力としています。送信アンテナから送るマイクロ波は、この値の 100 倍が想定されています。このように小さな値でも、マイクロ波から電力への変換効率の高さと曇天や夜間に左右されない特長から、地上での太陽光利用の5 倍以上の利用効率となると考えられています。

■宇宙太陽光発電の特徴

　SPPS の長所は、二酸化炭素排出が少なく環境にやさしいこと、天候や昼夜に依存しない大規模で安定した電力供給が可能なこと、枯渇しないエネルギー源であること、があげられます。課題は宇宙での大型構造物としての衛星の打ち上げコスト、無線電力の伝送技術開発、そして電力伝送用電磁波の安全性です（**下表**）。

　1970 年代の壮大な基準システム設計は技術的な可能性はあるものの、経済的な制約から中止されました。1990 年後半より現実的なシステム案の検討が再開され、直径 50m の 1000kW の集光型モジュールを多数連結した経済的なサンタワー方式や、回転する巨大薄膜太陽電池の円盤を利用したソーラーディスク方式などが提案されています。

地上と宇宙での太陽光発電の比較

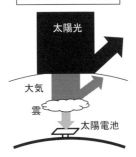

地上の太陽光発電

太陽光

大気

雲

太陽電池

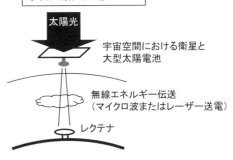

宇宙太陽光発電（SSPS）

太陽光

宇宙空間における衛星と
大型太陽電池

無線エネルギー伝送
（マイクロ波またはレーザー送電）

レクテナ

SSPS：Space Solar Power System

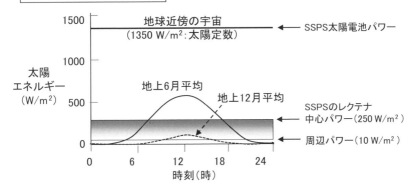

太陽エネルギー密度の比較

太陽
エネルギー
（W/m²）

地球近傍の宇宙
（1350 W/m²：太陽定数）　← SSPS太陽電池パワー

地上6月平均

地上12月平均

SSPSのレクテナ
中心パワー（250 W/m²）

周辺パワー（10 W/m²）

時刻（時）

宇宙太陽光発電（SSPS）の長所と課題

長所
　○出力が安定　　　天候や昼夜に依存せず一定
　○利用効率向上　　宇宙では地上の10倍ほどの太陽エネルギーが利用可能

課題
　×経済性　　　　　打ち上げロケットのコスト大
　×安全性　　　　　マイクロ波やレーザーの密度を制限

要点　SSPS は地上 3 万 6000km の静止軌道上の衛星を利用した宇宙太陽光発電システムです。
天候や昼夜に依存せず、安定な発電が可能です。安全のためマイクロ波の強度は地上の太
陽光の 1/4 以下とし、レクテナの周辺では 1/100 以下と計画しています。

第 87 話

未来の地球環境保全の展望は?

カーボンニュートラルは、2100 年を見据えての 2050 年での脱炭素のアクションです。さらに 3000 年までの超長期の予測はどのようになるのでしょうか?

■ SDGs とその先の長期目標

SDGs は、国連主導の 2030 年までの世界共通の目標です。地球環境問題に限らず、さまざまな絡み合った課題が取り上げられています。2030 年以降は、人間、社会、環境についての具体的な課題がさらに深化されて、新しい長期的な目標が設定されていることでしょう。

■ 2100 年から 3000 年へ

エネルギー起源の人為的な GHG の排出量を減らすことは緊急の課題です。しかし、現状ですぐ削減できたとしても、気候変動やさまざまな影響が何世紀も続くことになってしまいます。特に、温暖化の影響が大きくてしかも長引いた場合には、元に戻すことができない不可逆性が現れてしまいます。世界平均の海面水位のように、数千年以上かけてグリーンランドや南極の氷床がなくなり、継続的に上昇が起こってしまう可能性が予測されています。

右ページの**図**には、IPCC 報告書 AR5 での 3000 年までの大気中の二酸化炭素濃度変化と、それに伴う平均気温の変化や平均海面の上昇が描かれています。典型例として、パリ協定で最低限の目標とされた RCP2.6 と温暖化対策を行われなかった場合の RCP8.5 が示されています。後者の場合、大気中の二酸化炭素の濃度は 2250 年ごろには飽和して一定となります。2300 年には二酸化炭素排出量をゼロにしたと仮定して、それ以降は、二酸化炭素濃度は徐々に減少していきますが、平均温度の減少率はわずかであり気温はほぼ一定となり、温暖化は数世紀続くと予想されています。

一方、海面水位の上昇は 2300 年以降も止まらず、何世紀にもわたり上昇し続けることが確実と考えられています。これは、海水の表面から内部への熱輸送が非常に緩やかであり、海水の熱膨張が長期間続くことが原因です。最悪の場合には、西暦 3000 年には海面上昇が 3m をも超えると考えられています。AR6 でのSSP5 － 8.5 のシナリオでは、10m を超える可能性も指摘されています。温暖化の規模が大きくなると、南極氷床の氷が失われ、グリーンランド氷床が消失するなどの不可逆的なリスクが増大することになります(**コラム 3**)。

CO₂排出量変化と、それに伴う大気中CO₂濃度、気温、海面水位の変化

2300年以降に排出量を強制的にゼロとした予測例（25L=1kつのRCPシナリオ）

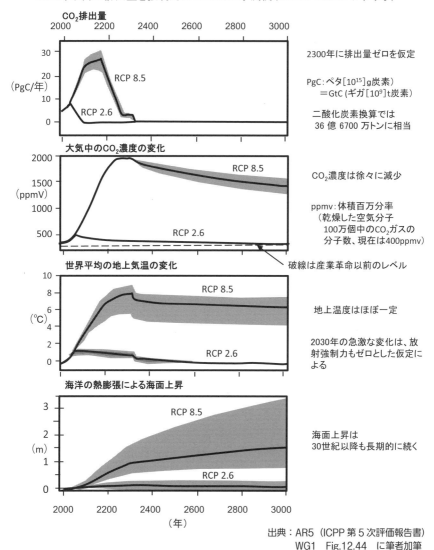

CO₂排出量

RCP 8.5

RCP 2.6

（PgC/年）

2300年に排出量ゼロを仮定

PgC：ペタ[10^{15}]g炭素）
＝GtC（ギガ[10^9]t炭素）

二酸化炭素換算では
36 億 6700 万トンに相当

大気中のCO₂濃度の変化

RCP 8.5

RCP 2.6

（ppmV）

CO₂濃度は徐々に減少

ppmv：体積百万分率
（乾燥した空気分子
100万個中のCO₂ガスの
分子数、現在は400ppmv）

破線は産業革命以前のレベル

世界平均の地上気温の変化

RCP 8.5

RCP 2.6

（℃）

地上温度はほぼ一定

2030年の急激な変化は、放射強制力もゼロとした仮定による

海洋の熱膨張による海面上昇

RCP 8.5

RCP 2.6

（m）

海面上昇は
30世紀以降も長期的に続く

（年）

出典：AR5（ICPP 第 5 次評価報告書）
　　　WG1　Fig.12.44　に筆者加筆

要点 西暦 3000 年までの長期シミュレーションでは、二酸化炭素排出量がゼロとなっても、一度上昇した気温は簡単に元に戻ることはありません。その場合、海面水位は長期にわたり数 m 以上に上昇し続けることが予想されています。

第 88 話　地球から宇宙への飛躍は？

　地球環境問題の遠未来の適応策の 1 つとして、新天地としての宇宙環境の活用の可能性があります。火星移住などは、本当に可能なのでしょうか？

■地球から宇宙への飛躍

　地球環境問題として、人口爆発、文化的生活、エネルギー開発が連鎖のキーとなり、さまざまな課題が生じてきます（**上図**）。地上での持続可能な開発を目指すと同時に、宇宙環境などの新天地の利用の可能性も夢見られています。

　宇宙への飛躍は可能性に満ちています。アポロ 11 号での月面着陸や国際宇宙ステーション（ISS）での実験などの成果が得られてきており、その延長上の有人火星探査も議論されています。ただし、開発のためには莫大なコストがかかってしまいます。現在の地上でのさまざまな課題の解決が緊急であり、往復に 3 年ほどかかる有人火星探査への批判も多くあります。予算の低減と同時に、たゆまない技術革新が必要となります。宇宙飛行士や宇宙移住者の宇宙線被ばくの課題もあります。現在地上で問題となっている新型ウイルスなどの宇宙への流出、逆流入などのリスクも検討されてきています。

■エネルギー変革と宇宙文明の発展

　現在の人類のエネルギー消費は地球が太陽から受けるエネルギーの 1 万分の 1 程であり、100 分の 1 程度まで利用可能と考えられます。これまで、文明の進展はエネルギー変革によりなされてきました。化石燃料、核燃料の現在の「地球文明」から「惑星文明」、反物質を利用するであろう「恒星文明」、そして、ブラックホールなどのエネルギーを利用でき、超光速航行技術やワープ航法を駆使できるであろう「銀河文明」へと発展することが夢見られています。

　この文明の 3 段階進化説（**下図**）は 1964 年にロシアの天文学者ニコライ・カルダシェフが提唱したものであり、カルダシェフ・スケールと呼ばれています。数百年後の惑星文明では太陽からの 10 分の 1 のパワー、数千年後の恒星文明では 100 億倍、数万年後の銀河文明ではさらに 100 億倍の膨大なエネルギーを利用できると予想されています。

　現状では、恒星文明や銀河文明はあくまでも空想でしかありません。しかし、人類がさまざまな苦難を乗り越えて生存・進化し続け、未知のエネルギーを発見して、膨大なエネルギーと新しい環境を利用できる文明を構築しているであろうことを夢見たいと思います。

地球環境と宇宙環境の未来

地球環境

人口爆発　⇒　食料不足、貧困
文化的生活　⇒　エネルギー消費増大
エネルギー開発　⇒　環境破壊

持続可能な開発（地球）
新天地模索（宇宙）

宇宙環境

有人衛星(1961年、ボストーク1号)
宇宙ステーション(1998年組み立て開始、
　　　　　　　　 2011年ISS完成、上空約400km)
月(1969年アポロ11号、月面着陸)
火星(有人探査は2030年頃)
ほかの惑星への航行

コストの問題
宇宙線被ばくの課題
ウイルス汚染の可能性

宇宙文明への予測と期待

カルダシェフ・スケール
（カール・セーガンなどによる数値の修正）

現在の地球文明　2×10^{13}W
（地球が受ける太陽パワーの半分が地表に到達するとして10^{17}W、
地上で利用可能な最大パワーを上記の百分の1とすると10^{15}W）

①惑星文明　10^{16}W（地球の受ける太陽パワーの1/10）以上
　　　　　　数百年で到達

②恒星文明　10^{26}W（太陽の放出パワー）以上
　　　　　　数千年で到達

③銀河文明　10^{36}W以上
　　　　　　数万年で到達

要点 遠未来として、人類は地球環境から宇宙環境へと飛躍することが想像されます。先進的な技術革新、莫大なコストの開発事業と宇宙でのさまざまな危険などを克服して、現在の地球文明から惑星文明、そして恒星文明へと飛躍することが夢見られています。

宇宙環境での革新技術は？
（ワームホールとテレポーテーション）

　荒廃した地球を背に、新たなる宇宙への旅立ちを描くSF映画はたくさんありますが、そこで想定されている超最先端技術が、相対性理論のワームホール利用による時間旅行と、テレポーテーション利用による瞬時転送技術です。

　一般的に、閉じたシステムでは時間的に必ずエントロピーが増大して、乱雑化し、最終的に熱的に静的なシステムとなると考えられます。温度の高い熱湯と冷たい水とを混ぜると、中間のお湯になってしまう現象です。地球は閉じた系ではなく、太陽からのエネルギーにより維持されており、人類のエネルギー利用によるエントロピー増大の影響は、太陽からのエントロピーの低い（綺麗な）エネルギーの吸収と、地球から宇宙へのエントロピーの高い（汚い）熱放射とにより、バランスが保たれてきました。ただし、地球温暖化などの影響も出てきています。

　遠い将来には、開いた系をうまく利用した文明の構築が必要となります。その1つがワームホールの利用です。ブラックホールとホワイトホールをつなぐ時空のトンネルを利用して、現宇宙と異なる平行宇宙に旅立つことや過去への時間旅行などが夢見られています。ただし、ワームホールを通過できる強固な宇宙船が最低限必要になります。

　もう1つが、アインシュタインが最後まで認めなかった量子テレポーテーション技術です。微小基本粒子の瞬間転送は可能かもしれませんが、SF映画に出てくるような、人体を素粒子に分解して転送して再度人体に戻す瞬間移動は、残念ながら可能とは考えられません。

　人類が宇宙文明を構築していけるとすると、エントロピーの低い膨大な宇宙エネルギーを利用することが重要になります。私たちの宇宙自体が閉じた系なのか、それともほかの親宇宙や子宇宙や孫宇宙があり開いた系なのかにも関係しており、宇宙の終焉のシナリオにも関連しています。

ワームホール

量子テレポーテーション

参考図書

『エネルギーと環境の科学』山﨑耕造、共立出版、2011

『トコトンやさしいエネルギーの本（第 2 版）』山﨑耕造、日刊工業新聞社、2016

『トコトンやさしい環境発電の本』山﨑耕造、日刊工業新聞社、2021

『図解でわかるカーボンリサイクル』エネルギー総合工学研究所、技術評論社、2020

参考ウェブサイト

「エネルギー白書」経済産業省資源エネルギー庁

  https://www.enecho.meti.go.jp/about/whitepaper/

「総合エネルギー統計」経済産業省資源エネルギー庁

  https://www.enecho.meti.go.jp/statistics/total_energy/

「気候変動に関する政府間パネル（IPCC）第 6 次評価報告書（AR6）」IPCC、
環境省 WEB サイト

  http://www.env.go.jp/earth/ipcc/6th/

「脱炭素ポータル」環境省

  https://ondankataisaku.env.go.jp/carbon_neutral/

「原子力・エネルギー図面集」日本原子力文化財団

  https://www.ene100.jp/zumen

「BP Energy Economics」British Petroleum（英国石油）

  https://www.bp.com/en/global/corporate/energy-economics.html

「World Energy Outlook」IEA（国際エネルギー機関）

  https://www.worldenergyoutlook.org/

索　引

【著者略歴】

山﨑耕造（やまざき・こうぞう）

　1949年富山県生まれ。1972年東京大学工学部卒業。1977年東京大学大学院工学系研究科博士課程修了・工学博士。名古屋大学プラズマ研究所助手・助教授、核融合科学研究所助教授・教授を経て、2005年4月より名古屋大学大学院工学研究科エネルギー理工学専攻教授。その間、1979年より約2年間、米国プリンストン大学プラズマ物理研究所客員研究員、1992年より3年間、（旧）文部省国際学術局学術調査官。2013年3月名古屋大学定年退職。現在、名古屋大学名誉教授、自然科学研究機構核融合科学研究所名誉教授、総合研究大学院大学名誉教授

　主な著書に『トコトンやさしい環境発電の本』『トコトンやさしい量子コンピュータの本』『トコトンやさしい相対性理論の本』『トコトンやさしいエネルギーの本（第2版）』（以上、日刊工業新聞社）、『楽しみながら学ぶ物理入門』『エネルギーと環境の科学』（以上、共立出版）など

カーボンニュートラル
図で考える SDGs 時代の脱炭素化

定価はカバーに表示してあります。

2022年7月25日　1版1刷　発行　　　　ISBN978-4-7655-3480-2 C3030

著　者	山　﨑　耕　造	
発行者	長　　　滋　彦	
発行所	技報堂出版株式会社	

〒101-0051　東京都千代田区神田神保町1-2-5
電　話　営　業　（03）（5217）0885
　　　　　編　集　（03）（5217）0881
　　　　　Ｆ　Ａ　Ｘ　（03）（5217）0886
振替口座　00140-4-10
http://gihodobooks.jp/

日本書籍出版協会会員
自然科学書協会会員
土木・建築書協会会員

Printed in Japan

気候変動適応に向けた地域政策と社会実装

田中 充・馬場健司 編著
A5・264頁

【内容紹介】本書は、気候変動影響の把握や適応の取組みを、社会への展開と実装化を図る手法である「社会技術」の概念に包含して、具体的な考え方と枠組み、地域での実践例を紹介し、そうした社会技術が地域に定着することを願って執筆した。本書を活用することにより、地域に根ざした実効ある適応策の立案・推進が期待される。

気候変動適応技術の社会実装ガイドブック

SI-CAT ガイドブック編集委員会 編
A5・256頁

【内容紹介】地球温暖化の影響が深刻化するなか、温室効果ガスの排出を抑制する「緩和策」とともに、現在および将来予測される影響に対処する「適応策」の重要性が高まっている。本書では、気候変動適応法施行により、自治体に求められる気候変動適応計画作成のための影響評価手法と、防災・農業・暑熱、生態系分野などにおける適応策をまとめた。

今こそ問う 水力発電の価値
─ その恵みを未来に生かすために ─

角 哲也ほか 監修／国土文化研究所 編
A5・176頁

【内容紹介】本書は、日本国内での水力発電の位置づけはどうあるべきか、水力発電の可能性はどの程度あるのか、また、既存のダムの有効利用を含めた今後の推進方策はどのようなものがあるのかについて、国土文化研究所（株式会社 建設技術研究所）に設置した「再生可能エネルギーにおける水力発電の価値評価と開発推進に向けた研究会」の研究成果をベースにとりまとめたものである。

ZEB のデザインメソッド

空気調和・衛生工学会 編
B5・198頁

【内容紹介】空気調和・衛生工学会では、21世紀ビジョンの中で、2030年までの「ZEB化技術の確立」、2050年までの「関連分野のゼロ・エネルギー化完全移行」への寄与を重要テーマと位置づけ ZEB定義検討小委員会を設立し、国内外の ZEB ベストプラクティス調査、定義・評価方法の拡充、デザインメソッドの整理等を行ってきた。本書はそれらの成果を体系的に整理し、デザインメソッドとしてとりまとめた書。

技報堂出版 ┃ TEL 営業 03(5217)0885 編集 03(5217)0881
FAX 03(5217)0886